KB067402

바리스타 챔피언의 스페셜티 커피

도쿄 마루야마 커피의 베이직 클래스

'커피 추출하기' 일상의 즐거움이 되다

카페에서 맛있는 커피를 마시는 것도 즐거운 일이지만, 집에서 내 취향에 맞는 커피를 추출해서 마실 수 있다면 훨씬 더 멋질 거예요. 간단한 팁 몇 가지만 알면 맛있는 커피를 직접 추출할 수 있습니다. 우리 함께 커피에 대한 여러 가지 지식과 표현에 대해 알아볼까요?

주식회사 마루야마커피 · 가루이자와 본점
0267-42-7655

마루야마커피 고모로점 · 배전공장
0267-31-0075

협력
AWABEES
UTUWA
TITLES

How to Use

이 책의 사용법

집과 카페에서 커피를 즐기기 위한
모든 노하우와 지식이 담긴 책.
이 책 한 권이면 입문자부터 상급자까지
다음과 같은 것을 즐길 수 있습니다.

Chapter 1

커피에 대한 기초 지식과 친해진다

커피는 언제부터 마시게 되었는지,
커피의 등급이란 무엇인지,
다양한 원두의 생산지가 있는데
각각 어떤 특징이 있는지 등등
커피를 즐기기 위해 알아두면
유용한 지식을 소개합니다.

Chapter 2

취향에 맞는 커피를 발견하게 된다

다양한 종류의 원두 중에서,
어떤 것이 본인의 취향에 맞는지
모르는 사람이 많습니다.
원두 구매 방법, 좋아하는 원두를
찾아내는 방법, 커피를 눈으로
즐기는 방법 등을 배울 수 있습니다.

Chapter 3

집에서 커피를 추출하고 싶어진다

카페에서 마시는 커피도 맛있지만 좋아하는
원두를 구매해서 취향에 맞게 집에서 커피를
추출하고 싶을 때가 있죠? 커피를 추출하기 위해 꼭
필요한 도구를 소개합니다. 맛있는 커피를 내리려면
원두 계량이 중요하다는 사실, 알고 계신가요?

Miki's Voice

제가 추천하는 팁도 소개합니다!

Chapter 4

커피를 맛있게 추출할 수 있게 된다

지금까지 인스턴트커피만 마셨던 분들도, 커피를
추출해 보긴 했는데 뭔가 부족하다고 느꼈던 분들도
아주 간단한 팁만 알아두면 풍미 가득한 향을 가진
커피를 추출할 수 있습니다.

Chapter 5

다양한 커피를 즐길 수 있게 된다

맛있는 커피를 추출할 수 있게 되었다면,
어레인지 커피(커피 외의 다른 물질을 첨가한 커피,
베리에이션 커피라고도 함)에도
도전해 볼까요? 한숨 돌리고 싶을 때,
활기가 필요할 때, 친구와 함께 있을 때…….
분위기에 맞는 다양한 커피를 추출해 봅니다.

Chapter 6

커피와 맞는 의외의 음식 궁합에 대해 알게 된다

커피를 마실 때 케이크처럼 꼭 단 음식만 곁들여야
하는 건 아니랍니다. 와인을 마실 때처럼, 커피도
원두의 종류와 배전도에 따라 어울리는 음식이
달라지거든요. 커피와의 최고의 음식 궁합을
찾아내는 방법을 알려드립니다.

Introduction

들어가는 글

달라진 일상 속에서 행복을 가져다주는 커피

"커피라도 내릴까요?" 새로운 라이프 스타일 속에 살아가면서 무심코 자주 내뱉게 되는 말입니다. 요즘은 집에서 커피를 마실 기회가 참 많아졌지요? 지난 15년간 커피 관련 일을 해오면서, 늘 제 곁에는 커피가 있었습니다. 돌아보면 그야말로 커피에 푹 빠진 삶을 살아왔네요.

저 역시도 팬데믹의 영향으로 집에서 보내는 시간이 부쩍 많아졌는데요. 그래서 다시금 생각하게 된 것이 커피가 가진 막강한 힘입니다. 커피는 건조한 일상에 위로와 행복을 불어넣습니다. 직접 내려 마시는 맛있는 커피 한잔이 주는 만족감을 글로 어떻게 표현할 수 있을까요? 황홀 그 자체라고 말하고 싶네요. 그리고 저는 이 기쁨이 보다 많은 사람과 나눌 수 있는 것이라고 믿습니다.

이 책을 펼친 여러분들 중에는 지금까지 커피를 즐겨 마셨던 분도 계실 것이고, 앞으로 커피에 대해 알아가고자 하는 분들도 계실 것입니다. 커피를 제대

마루야마 커피 바리스타
스즈키 미키

로 공부하고자 하는 모든 분에게 조금이나마 도움을 드리고자 이 책을 만들었습니다. 커피를 깊게 이해할수록, 커피를 마실 때 느끼는 행복감이 더욱 크다는 사실을 아시나요? 이 책을 통해 여러분의 커피 세계가 더욱 확장되고, 커피를 마시며 마주하게 되는 기쁨 역시 극대화 되기를 바랍니다.

Contents

Chapter2. Journey of Taste

취향에 맞는 맛을 알아가는 여정 043

Chapter3. Things You Should Know

커피를 추출하기 전에 알아 두어야 할 것 072

Chapter5. Arrange Your Usual Coffee

어레인지 커피 만들기 135

Chapter6. Enjoy Coffee with Foods

커피를 더 맛있게 즐기기 위한 푸드 페어링

Chapter 1

Basic Coffee Knowledge

알아 두면 좋은 기본 커피 지식

History of Coffee

커피의 매력을 처음 발견한 사람은 누구일까?

인류가 발견한 작고 빨간 열매는 이제 커피라고 불리는 기적의 음료가 되었습니다. 커피가 어디에서 발견되었고, 어떻게 전 세계로 퍼지게 되었는지 자세히 알아볼까요?

커피의 원료인 커피콩은 커피나무라는 식물의 씨앗입니다. 커피나무는 꼭두서니과 코페아속의 상록수로, 1년에 한두 번 꽃을 피웁니다. 꽃이 지고 나면 '커피 체리'라고 하는 빨간 열매가 열리는데, 이 안에 들어있는 씨가 커피콩입니다.

커피를 처음 마신 사람은 누구였을까요? 여러 가지 설이 있는데, 이슬람권에서, 특히 성직자들이 처음으로 마셨다는 설이 유력합니다. 이에 관해 대표적인 이야기 두 가지를 소개해볼까 합니다.

첫 번째는 아비시니아(현재의 에티오피아)에 전해지는 이야기입니다. 어느 날 칼디Kaldi라는 염소지기 소년은 염소들이 흥분하여 이리저리 날뛰는 모습을 목격합니다. 소년은 곧 정체불명의 빨간 열매가 염소들을 이렇게 만들었다는 것을 발견합니다. 직접 열매를 먹자 머리가 맑아지는 것을 느낀 소년은 이 사실을 인근 이슬람 사원에 알립니다. 그 후로 수도원의 승려들은 빨간 열매의 즙을 수도할 때 졸음을 쫓는 용도로 마셨다고 합니다.

두 번째는 예멘의 항구 도시 모카와 관련된 이야기입니다. 이슬람의 성직자였던 오마르Omar는 모함으로 추방을 당해 산속의 동굴에서 지내고 있었습니다. 어느 날, 아름다운 새에 이끌려 발견한 빨간 열매를 우려서 마셨더니 공복감과 피로가 사라졌고, 이를 사람들에게 널리 알리게 되었다는 설입니다.

커피나무 중에서도 품질이 뛰어난 것으로 알려진 아라비카종 티피카Typica의 원산지는 전설에 나오는 아비시니아 고원이라고 전해집니다. 이곳에 자생하던 커피 원종이 예멘에 이식되었고, 1600년경 인도로 전해져 자바섬으로 전파되면서 서인도 제도를 거쳐 중남미까지 널리 퍼지게 되었습니다.

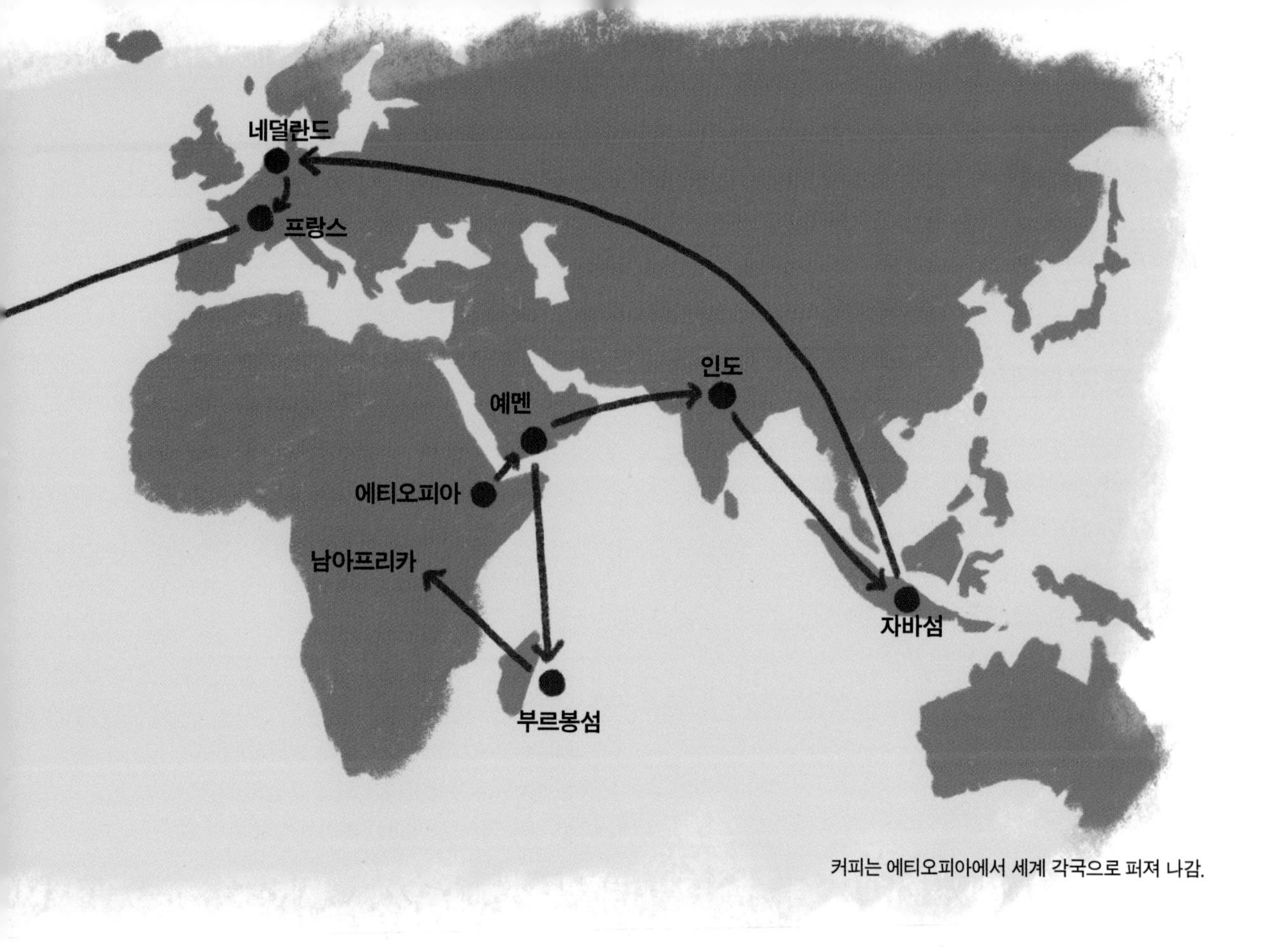

커피는 에티오피아에서 세계 각국으로 퍼져 나감.

커피의 역사	
시대 미상	· 염소지기 칼디가 빨간 열매를 먹는 염소를 보고 커피의 효능을 발견함. · 이슬람 성직자인 오마르가 산속에서 빨간 열매를 추출해 마시면서 공복을 이겨냄.
14세기	· 이슬람권에서 생두를 볶아 추출해서 마시게 됨. · 아비시니아 고원에서 자생하던 커피 원종(티피카)이 예멘으로 이식됨. 그 후 커피를 농작물로 재배하게 됨.
16세기	· 순례자 바바 부단(Baba Budan)이 커피 종자를 인도로 전파함. · 예멘에서 암스테르담 식물원으로 커피 묘목이 반입됨. · 네덜란드령 동인도회사가 인도에서 자바섬으로 커피를 전파함.
17세기	· 암스테르담 식물원이 루이 14세에게 커피 묘목을 헌상함. · 예멘에서 마다가스카르섬 동쪽에 있는 부르봉섬(현재 레위니옹섬)으로 전해지면서 부르봉 커피가 탄생함.
18세기	· 프랑스인 해군 장교가 마르티니크섬으로 반출함. 그 후 카리브해 제국과 중남미로 퍼짐. · 프랑스령 기니(Guinea)를 방문한 브라질의 한 관리가 브라질로 반입함.

How Coffee is made

커피콩이 커피가 될 때까지의 여정

커피에는 'from seed to cup(커피가 씨앗에서 컵에 담기기까지)'이라는 개념이 있습니다. 컵에 담긴 커피가 탁월한 맛을 내기 위해서는 일관된 체제, 공정, 품질 관리가 철저하게 이루어지는 것이 대단히 중요하다는 뜻입니다.

1. 커피 종자 파종

커피 종자는 직접 토양에 뿌리지 않고 모판이나 화분에 파종합니다. 한 달 반 정도 지나 발아되어 40~60cm 높이가 되면 토양으로 옮겨 심습니다.

4. 결실

열매는 6~8개월 후에 익어서 빨갛게 됩니다. 노란색이나 오렌지색이 되는 품종도 있습니다. 빨갛게 익은 씨앗이 체리처럼 보여 이 열매를 '커피 체리'라고 부릅니다.

7. 선별

1~2개월 숙성시킨 후 탈곡기로 생두를 골라냅니다. 생두에서 결점두*, 돌멩이, 가지 등을 제거한 다음 사이즈 별로 분류합니다.

* 발육이 불량하거나 벌레 먹은 콩.

8. 커핑

모든 농원, 생두 가공 시설, 수출업자들은 커피에 대해 테이스팅Tasting(맛을 감식하는 작업)을 실시합니다. 실제로 커피를 우려서 맛을 보고, 향미(향과 맛)가 수출 기준에 적합한지를 판단합니다.

2. 육성

옮겨 심은 묘목은 3~5년 정도 자라면 성목이 됩니다. 일조량을 조절하고 추위를 막기 위해 셰이드 트리Shade tree(인위적인 그늘을 만들기 위한 잎이 큰 나무)를 심기도 합니다.

3. 개화

우기가 되어 비가 내리면 재스민 같은 향이 나면서 새하얀 꽃이 피고, 꽃이 지면서 녹색 열매를 맺습니다. 커피나무는 1년에 한두 번 꽃을 피웁니다.

5. 수확

완숙한 열매를 골라 수확합니다. 가지마다 성숙 시기가 다르며, 우량 농원에서는 손으로 하나하나 정성껏 따내는 방법을 선택하지만, 대규모 농원에서는 기계로 한꺼번에 수확하기도 합니다

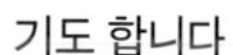

6. 생두 가공

커피 체리 종자를 걸러내서 정제하는 가공 방식에는 주로 내추럴Natural(자연 건조식)과 워시드Washed(수세식), 펄프드 내추럴Pulped natural(반수세식)이 있습니다.

9. 출하

생두는 커피 자루에 넣어서 출하하는데, 전통적으로 마대를 사용합니다. 장기간에 걸친 수송에 견딜 수 있도록 이중으로 비닐봉지와 마대를 모두 사용하기도 하며, 고품질 커피는 진공 팩을 사용하기도 합니다.

10. 커피 애호가의 손에…

생산국에서 배에 실려 한 달가량 지나면 생두가 세계 각처에 도착합니다. 이 시점에서부터는 배전, 분쇄, 추출 방법에 따라 다양한 커피의 맛이 탄생하게 됩니다.

Producers of Coffee

생산자에 따라 달라지는 커피콩의 특징

커피콩은 생산되는 국가는 물론 생산지역이나 농원, 생산자에 따라서 만드는 방식이 천차만별입니다. 여기에서는 인지도가 높은 4명의 생산자를 소개합니다(자세한 품종 설명은 30쪽 참조).

#02

끊임없는 탐구심으로 혁명을 일으키다!

name
마리사벨 카바예로Marysabel Caballero
from
온두라스Honduras / 엘 푸엔테El Puente 농원

최근 수년간 커피의 생산량과 품질이 더불어 향상되면서 높은 잠재력을 지닌 온두라스. 이 같은 환경 아래, 유소년기부터 커피 생산에 종사해온 마리사벨 씨는 재배법과 생두 가공 방법을 꾸준히 연구한 결과, 2016년 온두라스의 COE*에서 당당히 1위를 차지하였습니다. 당시의 경매에서 COE 사상 최고 가격을 경신함으로써 온두라스의 커피 생산도 급속도로 활성화되었습니다. 변함없는 최고의 품종으로 인정받고 있는 게이샤Geisha와 카투아이Catuai 등을 재배하고 있습니다.

* '컵 오브 엑셀런스'라고 하는 품평회로 각국에서 실시됨.

Miki's Voice

뛰어난 토지와 농원에 대한 진지한 노력이 담긴 달고 화려한 맛의 커피.

#01

정성스런 생두 가공으로 전통 품종인 부르봉을 꾸준히 생산하다

name
폴 스태리Paul Starry
from
과테말라Guatemala / 산 헤라르도San Gerardo 농원

Miki's Voice

정성스런 작업을 통해 탄생하는 부드러운 초콜릿 풍미.

과테말라시티에서 차로 1시간 거리에 있는 고지에 펼쳐진 폴 스태리 씨의 농원에서는 전통적인 품종인 부르봉Bourbon이 재배되고 있습니다. 섬세하며 병충해에 약해 최근에는 해발고도가 높은 지역에서도 피해가 나오고 있어, 병충해에 강한 품종으로 전환하는 농원이 늘어나는 추세를 보이고 있지만, 폴 스태리 씨는 부르봉에 대한 애착이 강해 생산을 지속하고 있습니다. 완숙된 커피 체리를 정성껏 손으로 따서 커피콩을 깨끗하게 씻고 건조하여 맛을 좋게 만드는 것이 폴 스태리 씨가 고집하는 방식입니다. 생두 가공 덕분에 건조 상태가 좋으며 출하 후에 한층 맛이 좋아진다는 특징이 있습니다.

#03

볼리비아의 미래를 짊어질 커피 농원의 소유자

name
페드로 로드리게즈 Pedro Rodriguez
from
볼리비아Bolivia / **라스 알라시타스**Las Alasitas **농원**

볼리비아는 소규모 농원이 많고 늦은 근대화로 인해 최근에는 커피 생산량이 급격히 감소했습니다. 이러한 상황에 위기감을 느낀 페드로 씨는 2012년 자사 농원 경영에 착수했습니다. 그리고 근대적인 농법을 도입하며 품질 향상을 위해 노력함으로써 멋지게 성공을 거두었습니다. 그가 직접 돌보는 라스 알라시타스 농원에는 산의 지형을 따라 질서정연하게 자리 잡은 커피나무에서 알이 크고 놀랄 만큼의 단맛을 가진 커피 체리가 자라고 있습니다. 그는 현재 12곳의 농원을 소유하고 있으며 게이샤, 자바, 카투라Caturra 등의 품종을 재배하고 있습니다. 또한 젊고 의욕 있는 생산자를 모집하여 본인의 성공 노하우를 공유하는 프로젝트인 '솔 데 라 마냐나'를 출범시키는 등 항상 의욕적인 자세로 볼리비아 커피의 견인 역할을 수행하고 있습니다.

Miki's Voice

떼루아Terroir(커피가 만들어지는 자연환경 또는 자연환경으로 인한 커피의 독특한 향미), 품종, 근대적인 농법에 대한 도전이 만들어 낸 개성이 풍부한 맛.

#04

타협하지 않는 자세로 고품질의 원두를 탄생시키다!

Miki's Voice

다양한 열매를 연상시키는 풍성한 맛.

name
하이메 카르데나스 Jaime Cardenas
from
코스타리카Costa Rica /
신 리미테스 마이크로밀 Sin Limites Micromill **농원**

하이메 씨는 코스타리카의 거리가 한눈에 내려다보이는 고지에 자택을 소유하고 있습니다. 우랑 마이크로밀이 밀집해있는 웨스트 벨리 지구에 있으며, 커피콩 재배에 대한 그의 열정은 누구에게도 뒤지지 않습니다. 하이메 씨는 정성껏 꼼꼼하게 작업하는 것을 신조로 삼고 있습니다. 커피콩의 건조장은 콘크리트 바닥이며 지저분한 발로는 절대 들어갈 수 없습니다. 작업 중에는 장갑을 끼고 엎드린 자세로 불순물이나 결점두를 발견하면 가차 없이 제거합니다. '내 눈과 손이 닿는 범위 안에서만 커피콩을 재배하고 싶어서 규모는 늘리지 않는다'는 그의 신념은 부드럽고 산미가 있는 풍부한 향을 가진 커피 맛에 그대로 반영되어 있습니다. 취급하는 품종은 SL28, 비야사치Villa Sarchi, 게이샤 등입니다. 생산량이 적기도 하지만 지금은 전 세계의 바이어들이 경쟁할 정도로 희소가치가 굉장히 높은 커피콩입니다.

Coffee and Japanese

일본의 커피 역사

일본은 오랜 전통의 다도 문화를 바탕으로 독창적인 커피 문화를 꽃피울 수 있었습니다. 현재 스페셜티 커피 문화를 선도하는 일본의 커피 소비량은 세계적으로 톱클래스를 차지합니다. 일본은 언제 처음 커피를 접했을까요?

에도 막부 시대(1603년~1867년에 해당하는 일본의 봉건 시대) 때 쇄국정책을 펴던 일본에서 유일하게 외국 교류의 창구 역할을 했던 곳이 나가사키의 데지마였습니다. 커피를 처음 마신 일본인은 아마도 그 당시 네덜란드 상관(네덜란드와의 무역이 이루어지던 곳)에 출입하던 통역관이었을 것으로 전해지고 있습니다. 막부 시대 말기가 되면서 난학자(에도 중기 이후에 네덜란드어 서적을 통해서 서양 학술을 배우려던 학자)들이 유럽 문화에 대한 관심을 가지면서 커피를 맛보고 그 효능을 소개함에따라 커피가 수입되기 시작했습니다. 하지만 당시 일본인의 기호에는 그다지 맞지 않았는지 교카시(에도 시대에 성했던 풍자와 익살을 주로 한 비속적인 단가를 부른 사람)의 대가인 오타난바에 따르면, '탄 냄새가 나서 마실 게 못 되는 음료수'로 여겨졌습니다.

개국 후, 요코하마의 외국인 거류지에 거주하는 서양인들을 중심으로 일본에서도 커피를 마시는 사람들이 생겨나, 1888년에는 우에노에 본격적인 카페 '가히차칸可否茶館'이 개점하게 됩니다. 메이지 시대(메이지 유신 이후 1868년~1912년에 해당하는 시기) 말기가 되면서 일반인들도 양식이나 커피를 접할 기회가 늘어나게 되었습니다. 긴자에 오픈한 '카페 파우리스타'는 커피를 저렴한 가격에 제공하여 유행에 민감한 문화인이나 예술가들이 모이면서 바야흐로 일본의 커피 문화를 꽃피우기 시작했습니다.

쇼와 시대(1926년~1989년에 해당하는 시기)로 접어들어 전쟁의 조짐이 보이면서 커피가 '적국의 음료'로 간주됨에 따라 1942년에는 커피 수입이 전면 금지되기도 했습니다. 수입이 재개된 것은 제2차 세계대전이 끝나고 5년이 지난 1950년의 일입니다. 미국에서 개발된 '인스턴트커피'가 소개되자 간편한 매력 덕분에 일본 내에서도 속속 커피를 제조하기 시작했으며 커피는 순식간에 일본인들 사이에 정착하게 되었습니다.

최초의 캔커피

누구나 손쉽게 마실 수 있는 커피의 대표격인 캔커피. 캔커피를 고안해낸 사람은 일본 제 1의 커피 UCC의 창업자인 우에노 다다오 씨입니다. 전철역의 매점에서 병에 들어있는 커피우유를 마시던 우에노 씨는 열차가 출발하는 종이 울리는 바람에 미처 다 못 마신 커피우유를 가게에 돌려줘야 했던 것을 아쉬워했는데, 그 순간 '캔으로 만들면 들고 다닐 수 있을텐데……'하는 생각이 번쩍 떠올랐습니다. 그리하여 1969년 세계 최초로 캔커피가 고안되었습니다. 현재는 연간 100억 개의 캔커피가 일본 내에서 소비되고 있습니다.

일본의 커피 역사 한눈에 파악하기

17세기	나가사키 데지마에서 마신 커피가 일본 최초라고 전해짐.
18세기 후반~19세기 전반	막부의 신하, 유학자, 난학자들이 커피를 체험함.
1844년경	에도 막부의 커피 수입 허가.
1888년	우에노에 '가히차칸' 오픈.
1911년	긴자에 '카페 파우리스타' 오픈. 문화인들이 모이면서 커피 문화가 꽃 피다.
1942년	전쟁 상황이 악화되면서 커피의 수입이 금지됨.
1950년	커피콩 수입의 재개.
1953년	제2차 세계대전 종료 후 최초로 블루마운틴이 수입됨.
1960년	커피콩 수입의 자유화.
1969년	UCC 우에시마 커피가 세계 최초로 캔커피 발매.
2003년	일본 스페셜티 커피 협회가 설립됨.

교카시, 오타난바

막부의 신하로 봉직하면서 학문에 힘쓰고 문장에 뛰어나 수필을 남겼습니다. 1804년 일본인으로서는 처음으로 커피를 마시고 난 후의 기록을 남겼습니다.

미즈노 료

긴자에 커피하우스 '카페 파우리스타'를 개점하여 한 잔에 5전이라는 저렴한 가격에 커피를 제공하면서 화제를 불러일으켰습니다.

기타하라 하쿠슈

기노시타 모쿠타로와 '빵의 모임'을 결성. 니혼바시에 있는 프랑스 식당 '메종 코노스'에서 매월 프랑스 요리와 본격적인 커피를 즐겼습니다. 소설과 수필에도 커피가 등장할 정도로 커피 애호가였습니다.

Sourness and Bitterness

커피의 특징 : 산미와 쓴맛

배전Roasting(커피 생두에 열을 가해 조직을 팽창시키고 화학변화를 일으켜 맛과 향을 끌어내는 작업), 추출 시간, 물의 온도 등을 조정하는 작업을 통해 커피의 개성이라고 할 수 있는 산미와 쓴맛은 변화하게 됩니다. 각각의 작업과 커피의 맛 사이에는 어떤 관계가 있는지 알아볼까요?

사람에 따라 선호하는 커피의 특징은 다릅니다. 어떤 사람은 산미가 있는 커피를 좋아하고 어떤 사람은 확실하게 쓴맛이 나는 커피를 좋아합니다. 그렇다면 커피의 맛은 어떻게 결정되는 걸까요?

커피의 맛을 결정하는 데는 생두의 종류(생산국, 품종 등)가 많은 영향을 끼치지만, 이 밖에도 물의 온도, 추출 시간, 배전도(배전의 진행 정도), 분쇄도, 사용하는 원두 가루의 양에 따라서도 커피의 맛은 달라집니다.

온도, 시간, 원두 가루의 양이 맛에 어떻게 영향을 끼치는가에 대해 잘 알아두는 것은 자신의 취향에 맞는 커피를 추출하기 위해서도 대단히 중요합니다. 추출할 때 어떤 도구를 사용하는지에 따라서 커피의 맛은 달라질 수 있으므로, 다음의 내용을 잘 기억해두면 자신이 원하는 맛의 커피를 추출할 때 많은 도움이 될 것입니다.

온도와 추출 시간

물의 온도

저온

추출하는 물의 온도가 낮으면 쓴맛 성분이 잘 우러나지 않으므로 산미가 강해집니다. 저온에서 추출된 산미는 바디감이 없다고 느껴지기도 합니다.

고온

추출하는 물의 온도가 높으면 쓴맛 성분이 잘 우러나므로 쓴맛과 깊은 맛을 가진 커피가 만들어지며, 양질의 상큼한 산미도 느낄 수 있습니다.

추출 시간

짧은 추출 시간

추출 시간이 짧으면 농도감이 약하며 깔끔한 맛을 가진 커피가 추출됩니다.

긴 추출 시간

추출 시간이 길어지면 깊은 맛과 단맛, 산미가 있는 커피가 만들어집니다. 하지만 추출 시간이 너무 길어지면 쓴맛, 떫은맛이 우러나게 됩니다.

산미와 쓴맛의 밸런스

배전도

약배전

배전을 약하게 할수록 산미의 바디감이 높아지며, 쓴맛은 거의 느껴지지 않습니다

강배전

배전을 강하게 할수록 쓴맛의 바디감이 높아지며, 탄 산미가 느껴지기도 합니다.

분쇄도

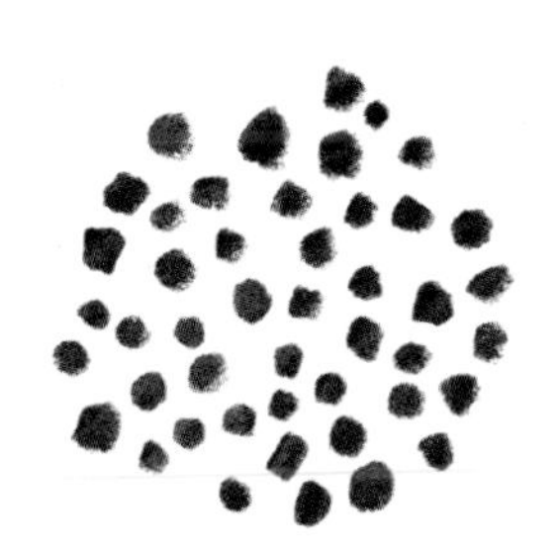

거친 분쇄

메쉬(분쇄 입자의 크기)가 클수록 성분이 추출되기 어려우므로 맛은 약해집니다.

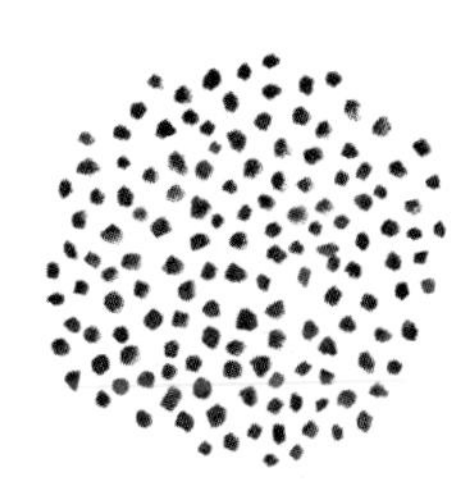

고운 분쇄

메쉬가 고울수록 성분이 잘 추출되므로 쓴맛, 단맛, 깊은 맛이 느껴집니다.

사용하는 원두 가루의 양

적은 양

원두 가루의 양이 적으면 농도는 약해지며, 맛은 산뜻하고 가벼워집니다.

많은 양

원두 가루의 양이 많으면 농도가 진해지며 강한 맛이 납니다.

Ranking of Coffee

커피에도 등급이 있다?

커피는 각각 다른 원두의 종류, 맛에 따라 등급이 나뉩니다. 등급에 따라 가격도 달라지며, 맛있는 커피를 선택하기 위한 지침으로도 활용되고 있습니다.

최근 주목받고 있는 스페셜티 커피Specialty Coffee는 1970년대 미국에서 처음 언급된 용어로 '마셔보니 맛있다'는 평가를 받은 커피를 일컫습니다. 당시에는 선정 기준 등이 막연했는데, 1982년 미국 스페셜티 커피 협회Specialty Coffee Association of America가 설립되면서, 커핑Cupping이라고 하는 관능검사(여러 가지 품질을 인간의 오감에 의하여 평가하는 제품 검사)에서 100점 만점 중에 80점 이상의 점수를 획득한 커피가 스페셜티로 인정받게 됩니다. 다시말해 스페셜티 커피는 '생산 이력이 명확하고 철저한 관리를 거쳐 높은 품질을 보유하고 있으며, 뛰어난 풍미와 특성을 가진 맛있는 커피'를 말합니다. 이밖에 스페셜티 커피와는 다른 평가 기준에 따라, 프리미엄 커피Premium Coffee나 커머셜 커피Commercial Coffee, 로우 그레이드 커피Low grade Coffee 등으로 나뉘기도 합니다.

생산국에 따른 주요 등급 부여 방식

1. 산지의 해발 고도

일교차가 큰 고지에서 재배된 커피는 풍미가 뛰어나기 때문에 산지의 해발 고도가 높을수록 좋은 등급을 받습니다. 이 같은 등급 부여 방식은 멕시코나 과테말라 등의 국가가 채택하는 방법입니다. 과테말라의 경우 1,350m 이상의 해발 고도에서 재배된 것으로, 경우에 따라 스크린 사이즈, 결점두의 개수 등의 조건을 충족한 생두가 최고 등급인 SHBStrictly Hard Bean 등급을 받습니다.

2. 생두의 크기(스크린)

스크린은 커피 생두의 크기를 측정하는 체를 말합니다. 커피 생두는 입자가 클수록 고품질로 판정됩니다. 이 같은 등급 부여 방식은 콜롬비아와 케냐 등의 국가가 채택하는 방법입니다. 콜롬비아의 경우 S17(스크린 사이즈가 약 6.75mm) 이상이면 수프리모Supremo, S14~16(스크린 사이즈가 약 5.5~6.5mm)이면 엑셀소Excelso 등급을 받습니다.

스페셜티 커피와 프리미엄 커피는 생산지와 농원이 명확하지만, 유통량이 가장 많은 커머셜 커피는 생산국별로 나뉘기 때문에, 출하 시기나 산지에서 독자적으로 산지의 해발 고도에서의 구획, 생두의 크기(스크린), 결점두의 개수에 따라 등급을 부여합니다. 커피 생두가 담긴 봉투에 '과테말라 SBH' 등으로 기재되어 있는 것이 커피의 등급입니다.

3. 결점두의 개수

결점두의 개수는 커피의 맛을 손상시키는 결점두와 작은 돌멩이와 같은 이물질의 혼입률을 기준으로 판단합니다.

Miki's Voice

현재는 보편적인 등급 부여 방식에 따른 기준이 아니라, 소개한 세 가지의 방법을 각국의 독자적인 기준에 맞게 채택하고 있습니다. 스페셜티 선정은 명확한 트레이서빌리티Traceability(제품의 제조 이력과 유통 과정을 실시간으로 파악할 수 있는 시스템)를 요구하며, 생두의 크기나 생산지의 해발 고도에 관계없이 있는 그대로의 맛을 관능검사를 통해 평가합니다. 스페셜티 커피 선정 결과와 산지에서의 등급부여 결과는 서로 다른 평가 기준으로 선정된 커피입니다.

Specialty Coffee

명확한 생산 이력을 보유하며 커핑 평가에서 80점 이상의 품질을 획득하여 뛰어난 풍미와 특성을 가지는 커피 생두.

Premium Coffee

생산지와 농원이 한정되어 있으며, 스토리성이 있는 좋은 품질의 커피 생두.

Commercial Coffee

산지 규격에 따라 등급이 부여된 일반적인 커피 생두.

Low grade Coffee

저가의 상품에 사용되는 커피 생두.

Roasting and Balance

원두의 배전도

커피의 독특한 산미와 쓴맛은 커피 생두에 열을 가하는 '배전(로스팅)'을 통해 탄생합니다. 배전도에 따라 산미와 쓴맛의 밸런스가 달라지므로 배전도를 알아두면 커피를 선택할 때 많은 도움이 됩니다.

배전은 커피 생두를 가열하여 볶는 과정을 통해 성분의 화학변화를 일으켜 맛과 향미를 생성시키는 것을 말합니다. 배전을 하기 전의 커피 생두는 녹색을 띤 베이지색이며, 배전공정을 거치면서 다갈색으로 바뀌며 향미도 생성됩니다. 약배전을 한 원두는 산미가 강하고 쓴맛은 그다지 느껴지지 않지만, 배전의 정도가 강해질수록 산미는 감소하며 쓴맛이 증가합니다. 배전 정도에 따라 약배전Light roasting, 중배전Medium roasting, 강배전Dark roasting으로 나뉘며, 더 세밀하게 분류하면 라이트Light, 시나몬Cinnamon, 미디엄Medium, 하이High, 시티City, 풀시티Full city, 프렌치French, 이탈리안Italian의 8단계로 나뉩니다. 원두의 색은 배전이 진행될수록 진해지며 가장 진한 배전을 거친 원두는 거의 검은색입니다.

약배전

산미 ●●●●●

쓴맛 ●○○○○

권장 추출 방식
종이 필터

'라이트'는 가장 약한 배전도를 말합니다. 산미가 강하고 쓴맛은 거의 느껴지지 않습니다. 생두의 풋내도 남아있습니다. '시나몬' 단계가 되면 향이 나기 시작하는데, 아직 쓴맛은 거의 느껴지지 않습니다. 양질의 산미를 가진 원두는 뚜렷한 특징이 느껴지기도 합니다.

중배전

산미 ●●●●○

쓴맛 ●●○○○

권장 추출 방식
종이 필터, 프렌치프레스, 에스프레소

'미디엄'은 밝은 밤색이며 향도 느낄 수 있습니다. 산미가 중심을 이루지만 어렴풋이 쓴맛도 느껴지기 시작합니다. 라이트한 감칠맛이 특징입니다. '하이'는 산미와 쓴맛이 밸런스를 이루고 있으면서 단맛도 느껴지며 밝은 갈색을 띠고 있습니다. 카페에서 주로 보는 색이 바로 이 색입니다.

권장 추출 방식은
Chapter4를 참조하세요.

중강배전

산미

쓴맛

권장 추출 방식
종이 필터, 프렌치프레스,
에스프레소

'시티'는 다갈색이며, 산미도 있으면서 쓴맛과 깊은 맛이 탁월합니다. 일본인들이 선호하는 배전도의 하나로, 우리가 카페에서 주로 마시는 커피가 바로 시티 배전을 한 커피일 정도로 스탠더드한 배전도입니다. '풀시티' 단계가 되면 짙은 갈색을 띠며 산미는 많이 줄고 쓴맛이 강해집니다.

강배전

산미

쓴맛

권장 추출 방식
종이 필터, 프렌치프레스

'프렌치' 단계가 되면 검은 갈색이 되며, 기름 성분이 배어 나와 윤기가 돌기 시작합니다. 쓴맛과 깊은 맛이 강해지면서 크림과 우유와의 궁합도 좋아집니다. '이탈리안'은 가장 강한 로스트 향이 더해지는 단계입니다. 산미는 거의 없으며 쓴맛과 탄 향미가 더해집니다.

Miki's Voice

배전이 어느 정도로 되었는가를 말할 때는 원두의 최종 색뿐만 아니라 온도와 시간도 대단히 중요합니다. 겉으로 보기엔 같아 보여도 배전 시간과 불 조절하는 방법이 달라지면 커피의 맛도 놀라울 정도로 달라집니다. 배전도가 같은 커피라도 카페에 따라 산미와 쓴맛의 차이가 느껴지는 것은 바로 이 때문입니다.

Provenance of Coffee

커피의 산지가 모여 있는 커피 벨트

적도를 중심으로 북위 25도에서 남위 25도까지의 양회귀선 사이의 지역은 기후 조건이 커피나무를 재배하기에 적합하기 때문에 커피 벨트Coffee Belt라고 불립니다.

현재 음용에 쓰이는 커피콩은 대부분이 '커피 벨트'라고 불리는 커피 재배 적정 지역에서 생산되고 있습니다. 꼭두서니과에 속하는 커피나무에는 주로 아라비카종Arabica, 카네포라종Canephora, 리베리카종Liberica이 있으며, 이를 '3대 원종'이라고 부릅니다. 단, 리베리카종은 라이베리아 등의 서아프리카에서 재배되어 대부분이 국내에서 소비되며 시장으로 나오지는 않습니다.

아라비카종은 중남미, 아프리카, 아시아 등지에서 재배되고 있습니다. 양질의 산미를 보유하며 향미도 뛰어나 스페셜티 커피는 100%가 아라비카종입니다. 대표적인 품종으로는 티피카, 부르봉, 게이샤 등이 있으며, 병충해에 약해 커피나무 한 그루에서 수확할 수 있는 양은 카네포라종보다 적습니다. 카네포라종은 아라비카종에 비해 병충해에 대한 내성이 강해 커피나무 한 그루에서 수확할 수 있는 양이 많은 것이 특징입니다. 산미는 거의 없고 쓴맛이 강하며 캔커피나 인스턴트커피와 같은 공업용, 블렌드용으로 많이 이용됩니다. 생산량의 대부분이 로부스타이기 때문에 카네포라종은 로부스타라고 부르기도 합니다.

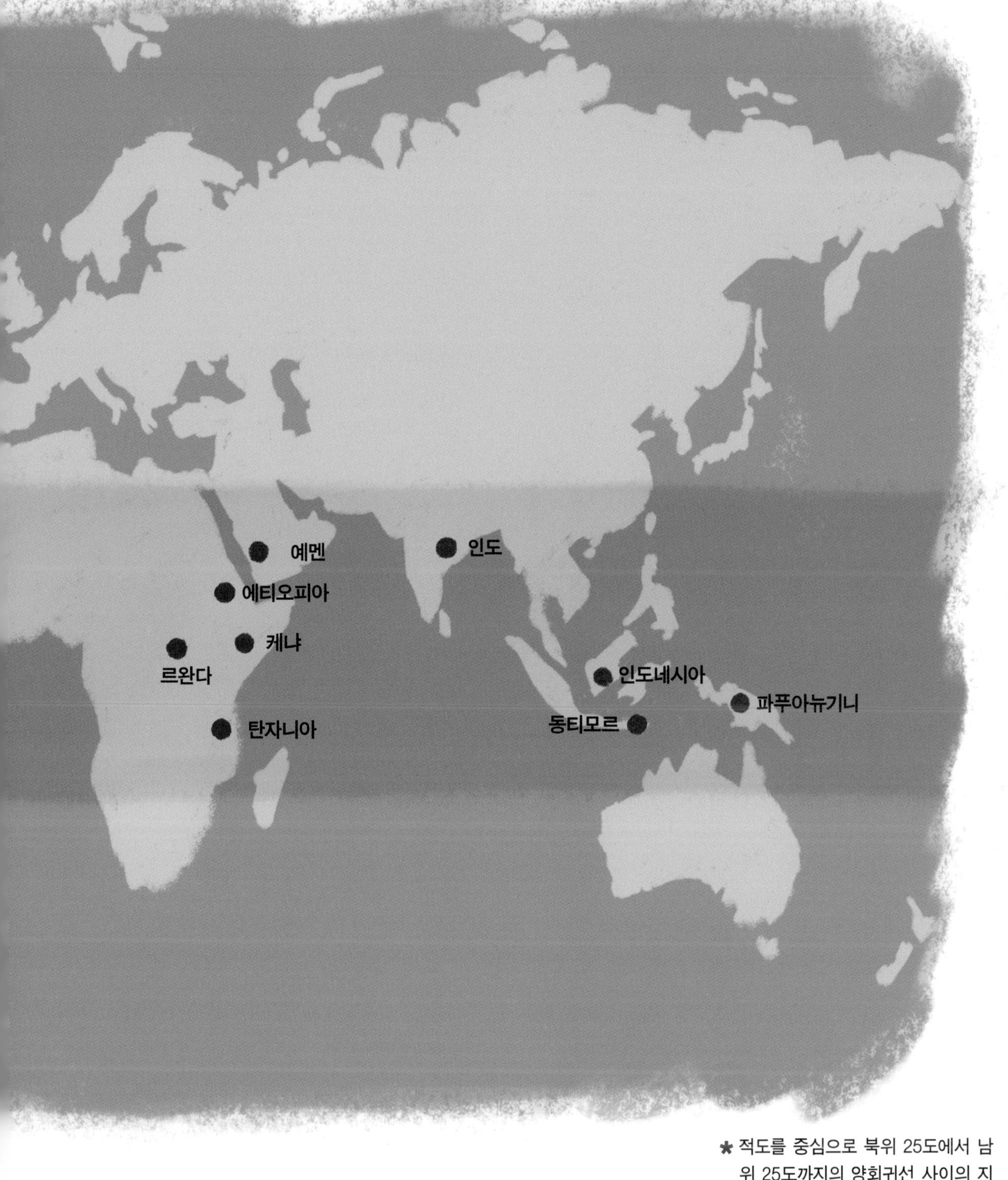

* 적도를 중심으로 북위 25도에서 남위 25도까지의 양회귀선 사이의 지역이 바로 '커피 벨트'입니다. 중남미, 아프리카, 아시아에 해당하는 지역으로 각각 맛의 경향도 다릅니다.

Typical Types of Beans

대표적인 커피 품종

앞 페이지에서 소개한 3대 원종의 하위 단계에 해당하는 것이 품종이며, 다시 교배나 돌연변이 등으로 인해 생기는 다양한 품종으로 나뉩니다. 자, 그러면 대표적인 품종을 소개해 볼까요?

아라비카종에서는 수 세기에 걸친 오랜 역사 속에서 돌연변이와의 교배를 통해 재배가 용이하고 풍미가 뛰어난 다양한 품종이 탄생하게 되었습니다. 현재 아라비카종은 200종이 넘는 것으로 알려져 있습니다.

일본에서 유통되고 있는 품종 대부분은 아라비카종과 카네포라종이 중심을 이루고 있습니다. 특히 풍미가 뛰어난 아라비카종은 인기가 높습니다.

커피 전문점 등에서 판매되고 있는 원두는 아라비카종이라는 이름보다는 좀 더 상세한 품종으로 표기된 경우가 많습니다. 와인에 비유하자면, 각 품종이 고유하게 가지고 있는 맛은 적지만, 개중에는 개성적인 맛을 발휘하는 품종이 존재하는 것이죠.

아라비카종

전체 커피의 56.7%를 차지하는 것이 바로 아라비카종입니다. 아라비카종은 해발 고도 1,000~2,000m의 열대 고지에서 재배되며, 가뭄, 병충해에 약하기 때문에 재배가 쉽지 않습니다. 부르봉, 티피카, 모카, 블루마운틴 등이 아라비카종에 해당합니다. 3대 원종 중에서 가장 풍미가 뛰어나며, 모든 스페셜티 커피가 아라비카종입니다.

Miki's Voice

에티오피아의 게이샤라는 마을 이름에서 유래하여 이름이 붙여진 게이샤 커피는 파나마에서 거둔 성공(파나마 게이샤는 파나마 커피 농장들을 대상으로 매년 열리는 원두 경연 대회인 베스트 오브 파나마를 통해 널리 알려지게 되었으며, 2004년의 대회 이후 특히 더 주목을 얻게 됨)으로 인기를 얻기 시작해, 현재는 파나마뿐만 아니라 중남미 각국에서 재배되고 있으며 많은 커피 애호가들의 사랑을 받고 있습니다.

카네포라종

카네포라종은 로부스타Robusta라고도 불립니다. 해발 고도가 낮은 고온 다습한 지역에서도 재배가 가능하며, 병충해에도 강하다는 특징을 가지고 있습니다. 카네포라종은 커피나무 한 그루에서 수확할 수 있는 양이 많습니다. 인스턴트커피나 저렴한 블렌드 커피, 캔커피를 만드는 데도 쓰입니다. 쓴맛이 강해 에스프레소에 블렌딩하기도 합니다.

Miki's Voice

아라비카종은 맛은 좋지만 병충해에 약하다는 단점이 있습니다. 그래서 최근에는 아라비카종과 카네포라종을 교배시켜 각각의 장점을 살린 개량 품종이 주목받고 있습니다.

아라비카종의 대표 품종

Typica

티피카는 아라비카종 중에서도 가장 원종에 가까운 것으로 알려진 최고의 재배 품종으로, 생두는 길고 가는 모양입니다. 산뜻한 산미와 섬세한 향, 마일드한 맛이 특징입니다. 녹병(녹병균이 식물에 기생하여 발생하는 병해)에 약하기 때문에 생산량은 적지만, 비교적 많은 나라에서 재배되고 있는 품종입니다.

Bourbon

부르봉은 티피카의 돌연변이종입니다. 부르봉섬(현재 레위니옹섬)에 이식된 커피나무가 부르봉 품종의 기원이며, 티피카와 나란히 원종에 가까운 오래된 품종입니다. 포근한 단맛이 나고 밸런스가 좋으며 티피카보다는 입자가 작습니다. 부르봉은 대부분의 국가에서 재배되고 있습니다.

Geisha

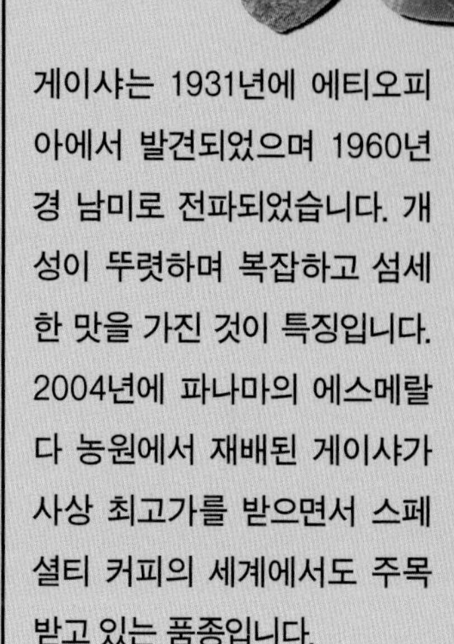

게이샤는 1931년에 에티오피아에서 발견되었으며 1960년경 남미로 전파되었습니다. 개성이 뚜렷하며 복잡하고 섬세한 맛을 가진 것이 특징입니다. 2004년에 파나마의 에스메랄다 농원에서 재배된 게이샤가 사상 최고가를 받으면서 스페셜티 커피의 세계에서도 주목받고 있는 품종입니다.

Caturra

카투라는 브라질에서 발견된 부르봉의 돌연변이종입니다. 커피나무의 키는 작고 잎은 크며, 부르봉보다 내성이 강한 편입니다. 가벼운 단맛과 라이트한 맛이 특징입니다. 과테말라, 코스타리카 등의 중남미에서 많이 재배되고 있습니다.

Pacamara

파카마라는 부르봉의 돌연변이종인 파카스Pacas와 티피카의 돌연변이종인 마라고지페Maragogipe의 인공 교배종으로, 엘살바도르와 과테말라에서 재배되고 있습니다. 입자는 크지만 생산량은 그다지 많지 않습니다. 깔끔한 맛이 파카마라의 특징입니다.

SL28

20세기 초 무렵, 영국의 식민지였던 케냐에 설립된 '스콧 농업연구소Scott Agricultural Laboratories'가 많은 품종을 연구하고 선별한 결과, 가뭄에 강하며 풍미가 뛰어난 품종을 발견했습니다. 연구소의 첫 글자를 따서 SL이라는 코드가 붙여졌습니다. 케냐 등지에서 많이 재배되고 있습니다.

Provenance and Variety

커피콩의 산지와 품종

커피나무는 세계 각지를 통틀어 100여 종에 이르는데, 현재 음용에 쓸 수 있는 나무는 일정 조건을 충족한 국가에서만 재배되고 있습니다.

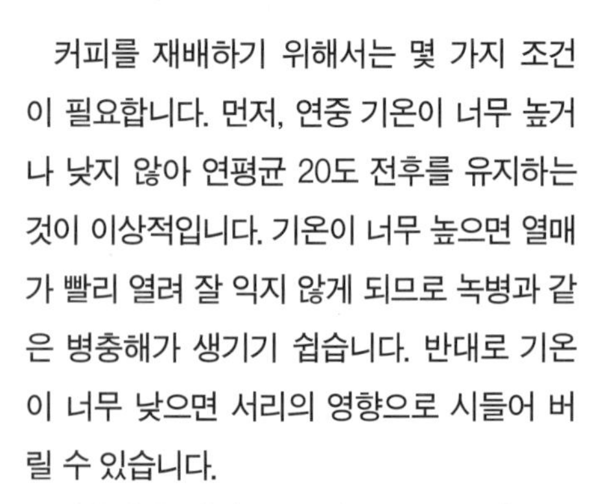

커피를 재배하기 위해서는 몇 가지 조건이 필요합니다. 먼저, 연중 기온이 너무 높거나 낮지 않아 연평균 20도 전후를 유지하는 것이 이상적입니다. 기온이 너무 높으면 열매가 빨리 열려 잘 익지 않게 되므로 녹병과 같은 병충해가 생기기 쉽습니다. 반대로 기온이 너무 낮으면 서리의 영향으로 시들어 버릴 수 있습니다.

강우량은 연간 1,500~2,000㎜ 정도로, 생육기에는 비가 많이 내리고 수확기에는 작업하기 수월하도록 건조한 날씨가 이어지는 등 우기와 건기가 뚜렷한 편이 좋습니다. 또한 생육기에는 적절한 일조량이 필요한데, 직사광선은 좋지 않습니다. 따라서 셰이드 트리처럼 햇빛을 차단해주는 나무를 함께 심어 주기도 합니다. 맛이 좋은 커피를 위해서는 일교차가 반드시 필요하기 때문에 해발 고도가 높은 곳이어야 합니다. 해발 고도는 커피콩의 등급을 부여할 때도 평가 항목에 포함되는데, 이를 통해 오래전부터 해발 고도를 중요시했다는 것을 알 수 있습니다.

이상의 조건을 충족하는 장소가 많은 곳이 커피 벨트 안에 있는 국가들입니다. 같은 품종이라도 나라에 따라서 맛은 달라집니다. 자, 그러면 각국의 생산 역사와 현황에 대해 알아볼까요?

Brazil

연간 커피 생산량

약 **3,775,500** 톤

(2018, 2019년)

수확 시기

5월~9월

주요 품종

로부스타, 부르봉, 문도 노보Mundo Novo, 카투라, 이카트Ikat, 카투아이

세계 최대의 생산량·수출량을 자랑하는 커피 대국

프랑스령 기아나Guiana로부터 브라질로 커피나무가 반입된 것은 1727년의 일입니다. 그로부터 100년가량 지난 1850년에는 세계 최대의 커피콩 생산국으로 성장하였으며, 그 후 150년 이상 세계 1위의 자리를 지키고 있는, 가장 선진적이면서 산업화가 이루어진 커피 생산국입니다. 국내 소비도 증가하여 EU, 미국에 이어 3위를 차지하고 있습니다. 그야말로 세계의 커피 문화를 이끌고 있는 나라라고 할 수 있습니다.

브라질에서는 남동부를 중심으로 30만 이상의 농가가 커피 재배에 종사하고 있습니다. 저렴한 로부스타부터 고품질 아라비카종까지 재배하는 품종도 다양합니다. 근대적인 설비를 도입하여 생산성과 수익성을 최우선으로 여기는 대규모 농원도 있지만, 산악 지대에는 새로운 품종과 시험적인 생두 가공에 도전하고 있는 소규모 농원도 있습니다. 국내에 '브라질 스페셜티 커피 협회BSCA'가 설립되었으며, 1999년에는 국제적인 커피 품평회인 '컵 오브 엑셀런스COE(각국의 커피 농장에서 출품한 우수한 커피를 5차례 이상의 엄격한 심사를 거쳐 해당국의 그해 최고 커피로 인정하는 명칭)'가 출범하였습니다.

Miki's Voice

브라질의 원두는 너트Nut감과 바디감이 느껴지는 것이 특징입니다. 향이 매우 깊으며, 목 넘길 때 아몬드, 캐러멜 맛이 느껴지기도 합니다. 전통도 소중히 지키면서 늘 최신 기술로 업데이트하는 노력 덕분에 최고의 품질을 가진 커피를 안정적으로 생산해 내고 있습니다.

Guatemala

과테말라

면적 : 약 108,900㎢
인구 : 약 1,725만 명
수도 : 과테말라시티
언어 : 스페인어

연간 커피 생산량

약 **240,420** 톤

(2018, 2019년)

수확 시기

12월~3월

1月	2月	3月	4月	5月	6月	7月	8月	9月	10月	11月	12月

주요 품종

카티모르Catimor, 카투라, 카투아이, 파체Pache

중미 지역의 톱클래스 생산국으로 풍부한 향이 특징

1750년경, 예수회 수도사가 과테말라로 커피나무를 반입했다고 전해지고 있습니다. 다양하고 복잡한 지형으로 이루어진 과테말라는 산악 지대, 화산재 토양, 평야 등 다양한 지역에서 개성 넘치는 맛을 가진 커피가 재배되고 있습니다.

최근에는 멕시코와의 국경 부근인 북서부 산악 지대에 있는 우에우에테낭고Huehuetenango 지역이 COE에서 매년 입상 로트Lot를 배출하면서 세계적으로도 주목받고 있습니다.

1969년에는 품질 향상과 생산 관리를 목적으로 생산자들의 공동 출자로 '과테말라 전국 커피 협회Asociación Nacional del Café(통칭 Anacafé, 아나카페)가 발족되었습니다. 기후와 농원의 지리적인 환경, 설비 등을 상세하게 분석해서 모든 농원에 연구 결과를 제공하는 등 커피 농원을 적극적으로 지원함으로써 커피 산업 활성화에 기여하고 있습니다. 전통적으로 워시드 방식으로 각 농원에서 관리하는 곳이 많으며, 깔끔하고 풍부한 향을 가진 커피가 대부분입니다.

Miki's Voice

품평회가 열리는 우에우에테낭고 지역의 엘 인헤르또 우노El Injerto Uno 농원의 커피는 풍부한 산미와 포근한 맛으로 레드 와인에 비유되기도 합니다. 안티구아Antigua 지역에서는 리치한 초콜릿감이 강한 커피가 생산되고 있습니다.

Costa Rica

코스타리카

면적 : 약 51,100㎢
인구 : 약 499만 명
수도 : 산호세
언어 : 스페인어

연간 커피 생산량

약 **85,620** 톤

(2018, 2019년)

수확 시기

11월~3월

1月	2月	3月	4月	5月	6月	7月	8月	9月	10月	11月	12月

주요 품종

카투라, 카투아이, 비야사치

정부와 생산자가 고품질의 커피를 재배하기 위해 함께 노력

코스타리카에서 커피 생산이 시작된 것은 19세기 초 무렵입니다. 코스타리카에는 소규모 농원이 많은데, 최근 수년간 정부와 생산자가 함께 조직한 '코스타리카 커피 협회'가 커피 재배를 전폭적으로 후원하면서 고품질의 커피를 생산하는 데 주력하고 있습니다.

코스타리카에서는 재배하는 품종도 스페셜티 커피에 쓰이는 아라비카종에 한정하고 있습니다. 따라서 카네포라종의 재배는 금지되어 있습니다.

한때는 지역마다 커피 체리가 집하되어 일괄적으로 생두 가공을 하기도 했는데, 지금은 마이크로밀이라고 불리는 작은 생두 가공 시설에서 각자 처리하게 되면서, 생산자마다 커피콩의 개성이 뚜렷하게 발휘되고 있습니다. 최근 생긴 '허니 프로세스'라는 생두 가공 방식도 코스타리카에서 만들어낸 방법입니다. 주요 재배 품종은 카투라, 비야사치 등입니다. 감귤류의 맛이 나며, 세계적으로 점점 높은 평가를 받고 있습니다

Miki's Voice

코스타리카에서는 주로 풍부한 산미가 있는 커피가 생산되고 있습니다. 생산자 중에는 농학 박사 출신도 많이 포함되어 있어 커피 재배에 대한 연구가 활발하며, 세계 각국의 다양한 품종을 재배하기 위한 도전도 야심차게 이루어지고 있습니다. 기술력도 대단히 높아 매년 새로운 품종과 생두 가공 방식이 탄생하고 있어 흥미로운 지역으로 주목받고 있습니다.

Columbia

콜롬비아

면적 : 약 114만㎢
인구 : 약 4,965만 명
수도 : 보고타
언어 : 스페인어

연간 커피 생산량

약 **831,480** 톤

(2018, 2019년)

수확 시기

4월~6월, 10월~1월

1月 2月 3月 4月 5月 6月 7月 8月 9月 10月 11月 12月

주요 품종

카투라, 콜롬비아Columbia, 부르봉, 카스티요Castillo

산악 지대에 펼쳐진 농원에서 다양한 커피콩을 생산

콜롬비아의 국토는 태평양과 카리브해에 면해 있으며, 커피 농원은 남북을 종단하는 안데스산맥 산기슭의 구릉 지대에 자리 잡고 있습니다. 기후는 지역에 따라 다르며, 각 생산 지역에서 개성 있는 커피가 재배되고 있습니다. 메인 크롭Main crop과 '미타카Mitaca'라고 불리는 서브 크롭Sub crop의 연 2회 수확을 하는 지역도 있습니다. 산맥을 따라 해발 고도가 높은 지역에 농원이 있기 때문에, 농지를 확장하기가 어려우며, 56만 세대 이상 되는 생산자의 대부분은 1~2헥타르에 이르는 면적을 가진 소규모 생산자입니다.

1972년, 많은 자본을 투자하여 생산에서부터 유통까지 관리하는 '콜롬비아 커피 생산자 연합회FNC'가 설립되어 커피 생산의 수준은 급속도로 향상되었습니다. FNC는 연구를 바탕으로 한 커피 묘목과 비료 제공, 농약 관리, 재배법에 관한 강좌를 개최하고 있습니다. 워시드 프로세스가 주를 이루며, 각 농원에서 직접 관리하고 있습니다. 화사한 향과 기분 좋은 바디감을 가진 커피가 주로 생산됩니다.

Miki's Voice

콜롬비아에서는 주시Juicy한 산미와 바디감이 느껴지며, 프루티Fruity한 느낌의 커피도 많이 생산되고 있습니다. 소규모이지만 게이샤와 같은 개성 있는 품종을 재배하면서 유명한 생산자도 배출되고 있습니다.

Panama

파나마

면적 : 약 75,500㎢
인구 : 약 418만 명
수도 : 파나마시티
언어 : 스페인어

연간 커피 생산량

약 **7,800** 톤

(2018, 2019년)

수확 시기

11월~3월

1月	2月	3月	4月	5月	6月	7月	8月	9月	10月	11月	12月

주요 품종

게이샤, 카투아이, 카투라, 티피카

한 번 마시면 잊을 수 없는 파나마 게이샤

국토 서부에 우뚝 솟은 바루 화산의 산기슭은 풍부한 화산재 토양, 높은 해발 고도, 일조량 등 커피 재배에 이상적인 조건을 갖춘 지역으로 예로부터 많은 농원이 밀집해 있으며, 고품질의 커피를 생산해 왔습니다.

파나마산 커피는 2004년에 커다란 계기를 맞이합니다. 그해 개최된 '베스트 오브 파나마Best of Panama(파나마 국제 품평회)'에서 에스메랄다 농원의 게이샤(31쪽 참조)가 향수처럼 향이 강한 맛으로 많은 바이어를 매료시키며 우승을 거머쥐었습니다. 당시 사상 최고 가격으로 낙찰이 된 것입니다.

게이샤는 원래 에티오피아에서 발견되어, 1960년경 중미로 반입되었습니다. 하지만 당시에는 생산성이 낮아 많은 농원이 재배를 포기했습니다. 2004년 이후 파나마에서는 게이샤를 재배하는 농원이 늘어나면서 매년 꾸준히 품질이 향상되고 있습니다.

Miki's Voice

2004년 에스메랄다 농원에서 재배된 게이샤가 출품되면서 지금까지 마셔본 적이 없는 향, 단맛, 기분 좋은 산미 등 뛰어난 개성으로 모든 사람을 감탄시켰고, 일대 선풍을 일으키며 "파나마의 커피 드림"이라고 불리게 되었습니다.

Ethiopia

면적 : 약 109만 7,000㎢
인구 : 약 1억 922만 명
수도 : 아디스아바바
언어 : 암하라어

연간 커피 생산량

약 **466,560**톤

(2018, 2019년)

수확 시기

10월~2월

1月	2月	3月	4月	5月	6月	7月	8月	9月	10月	11月	12月

주요 품종

에티오피아 재래종

아직도 원생림에서 다품종이 자라는 산악 지대

에티오피아는 국토 대부분이 산악 지대로 지금까지도 많은 원생림이 남아있어 일부 커피는 원생 수목에서 수확되고 있습니다.

가족 경영 체제를 채택하고 있는 소규모 생산자가 많으며, 생두 가공 시설을 보유하고 있지 않아 커피 생산 지구에 있는 '워싱 스테이션'이라고 불리는 생두 가공 시설에서 가공하고 해당 가공 시설의 이름과 지역의 이름을 붙여서 판매하는 것이 일반적입니다.

하지만 최근 스페셜티 커피의 유통과 품평회와 같은 움직임도 생기고 있어서, 단일 농원에서 생산되는 커피도 주목받고 있습니다. 2020년 처음으로 COE가 개최되었는데, 상위 로트는 1kg당 50만 원이라는 대단히 높은 가격에 낙찰되었습니다.

커피 품종이 다양하며, 아직 구체적인 품종이 밝혀지지 않은 것도 많아 에티오피아의 재래종으로 분류되고 있습니다. 에티오피아는 게이샤의 기원으로도 유명합니다.

Miki's Voice

에티오피아에는 아직도 재래종으로 불리는 품종이 많아 토착종의 다양성이 굉장히 풍부합니다. 아마도 토양이 커피 생육에 적합하기 때문이겠지요.
최근에는 소규모 생산자와 싱글오리진Single origin 농원이 서서히 늘고 있습니다.

면적 : 약 583,000㎢
인구 : 약 4,970만 명
수도 : 나이로비
언어 : 스와힐리어, 영어

Kenya

연간 커피 생산량

약 **55,800** 톤

(2018, 2019년)

수확 시기

10월~3월

주요 품종

SL28, SL34, 루이루11Ruiru11, 바티안Batian, 부르봉

품질 관리 체제가 갖추어져 있어서 생산자도 안심하고 재배

케냐에 커피나무가 반입된 것은 19세기 말입니다. 1933년에는 커피국이 설립되어 경매 제도와 등급 부여 규정을 제정하였으며, 일찌감치 관리 체제를 정비함으로써 고품질의 커피콩 생산을 가능하게 만들었습니다.

세계 최초의 커피 연구소인 '커피 연구 재단'이 있으며, 재단의 관할하에 최첨단 기술을 제공하는 '케냐 커피 칼리지'가 있어서 국내 커피 생산자를 후원하고 있습니다.

대규모 농원도 있지만, 많은 농원이 생두 가공 시설을 보유하고 있지 않은 소규모 생산자입니다. 이들은 '팩토리Factory'라고 불리는 협회 조합에서 생두 가공을 하고 있습니다. 케냐산의 산기슭에는 니에리Nyeri, 엠부Embu, 키리냐가Kirinyaga 등 세계적으로 유명한 산지가 있습니다. SL28과 SL34, 부르봉 등이 대표적인 품종입니다.

Miki's Voice

케냐의 커피 재배 환경의 특징은 화산재 토양, 높은 해발 고도, 적절한 강우량입니다. 케냐 커피는 고품질 커피 재배에 적합한 환경에서 탄생하는 베리나 홍차, 레드 와인과 같은 주시한 맛이 매력적입니다.

중후한 느낌을 가진 독특한 맛

1699년에 커피나무를 심으면서 주요 커피 생산국이 되었지만 녹병이 발생하면서 현재는 병충해에 강한 로부스타가 주류를 이루고 있습니다. 하지만 수마트라섬의 만델링Mandehling, 술라웨시섬의 트레져Treasure 등 최고 품질의 아라비카종도 일부 지역에서 재배되어 고가에 거래되고 있습니다.

면적 : 약 189만㎢
인구 : 약 2억 5,500만 명
수도 : 자카르타
언어 : 인도네시아어

밸런스감이 좋은 커피

볼리비아는 소규모 생산이면서 가족 경영을 하는 농원이 주를 이룹니다. 커피 재배에 이상적인 조건인 높은 해발 고도와 기후, 강우량을 갖추고 있지만, 늦은 근대화로 인해 해마다 생산량이 감소하여 전체 생산량이 브라질 대농원의 일부 생산량보다도 적을 정도로 많지 않습니다. 산미와 단맛의 밸런스가 좋다는 것이 볼리비아 커피의 특징입니다.

면적 : 약 110만㎢
인구 : 약 1,135만 명
수도 : 라파스
언어 : 스페인어

Bolivia

전통적인 부르봉

엘살바도르는 내전으로 인해 한때 커피 생산량이 많이 감소했던 덕분에 품종 개량이 이루어지지 않아 재래종인 부르봉 커피나무가 많이 남아 있습니다. 국립 연구소에서 탄생한 파카마라는 입자가 커서 바디감이 있으며 감귤류의 맛이 느껴집니다. 스페셜티 커피 세계에서도 주목받고 있습니다.

면적 : 약 21,040㎢
인구 : 약 664만 명
수도 : 산살바도르
언어 : 스페인어

El Salvador

중미 최대의 커피 생산국

연간 커피를 43만 톤이나 생산하는 커피 대국입니다. 온두라스의 화산재 토양과 높은 해발 고도 등은 커피 재배에 적합한 조건을 제공합니다. 품질을 향상시키기 위해 '온두라스 커피 협회'를 설립하여 생산자를 지원하고 있습니다. 부드러운 산미와 프루티한 맛이 느껴지는 등 지역에 따라 개성이 다른 커피가 생산되고 있습니다.

면적 : 약 11만 2,500㎢
인구 : 약 959만 명
수도 : 테구시갈파
언어 : 스페인어

Honduras

다채로운 맛

국토를 남북으로 종단하는 안데스산맥에 활화산이 있어 화산재 토양 덕분에 커피 재배에 적합한 토질을 보유하고 있습니다. 햇빛을 차단하기 위해 셰이드 트리용으로 바나나와 카카오나무를 함께 심는 것도 에콰도르 커피 재배의 한 특징입니다. 아라비카와 로부스타가 6:4의 비율을 이루고 있으며, 해발 고도가 높은 지역에서는 양질의 아라비카종을 재배하고 있습니다.

면적 : 약 256,000㎢
인구 : 약 1,708만 명
수도 : 키토
언어 : 스페인어

Ecuador

숨겨진 커피의 명산지

안데스 산맥의 높은 해발 고도와 높은 일교차를 가진 기후 등이 커피 재배에 적합하여 전 세계 생산량의 톱10 안에 들어갑니다. 재배 품종은 100% 아라비카종입니다. 가족이 경영하는 소규모 생산자가 많으며, 품평회의 영향으로 품질이 뛰어난 숨겨진 명산지로서 주목받고 있습니다.

면적 : 약 129만㎢
인구 : 약 3,199만 명
수도 : 리마
언어 : 스페인어

Peru

칼럼

생두 가공 방식에 따라 맛도 달라진다

커피콩이 수확된 다음에 이루어지는 생두 가공의 방식에 따라 커피 맛이 많이 달라지기도 합니다. 생두 가공은 최근 들어 주목받으면서 새로운 방법들이 활발하게 개발되고 있습니다. 기본적으로 세 가지 방법이 주를 이룹니다.

1. 내추럴

수확한 커피 체리를 그대로 자연 건조한 후, 과육과 파치먼트(과육 안에 있는 내과피)를 탈곡하는 방법입니다. 가장 간단하며 설비도 필요 없는 전통적인 방식입니다. 이 방식으로 생두를 가공하면 단맛과 깊은 맛을 내는 농후한 향의 커피가 탄생하게 됩니다. 단, 기후의 영향을 쉽게 받으므로 미성숙 생두와 과숙 생두, 이물질이 섞이기 쉽다는 단점이 있습니다.

2. 워시드

커피 체리를 저수조에 넣어 이물질 등을 제거한 후 펄퍼라고 하는 기계로 과육을 제거하고 발효조에 넣어 점액질인 뮤실리지 Mucilage를 분해하고 건조한 다음 파치먼트를 제거하는 방식입니다. 이 방식으로 생두를 가공하면 정제도가 높아 깔끔한 맛을 만들며 산미가 두드러집니다. 이 방식의 가장 큰 과제는 대규모 설비와 물이 필요하며 대량의 폐수가 나온다는 것입니다.

3. 펄프드 내추럴

펄프드 내추럴은 워시드 방식에서는 완전히 제거하는 뮤실리지를 일부 남겨서 건조하는 방법입니다. 이 방식으로 생두를 가공하면 적당한 깊은 맛과 산미를 가진 커피가 탄생하게 됩니다. '허니 프로세스'라는 이름으로도 불리며, 뮤실리지 제거율에 따라 화이트 허니, 옐로우 허니, 레드 허니, 블랙 허니로 구분합니다. 워시드보다 폐수는 적게 나오지만 설비 비용은 내추럴보다 많이 드는 방식입니다.

Chapter 2

Journey of Taste

취향에 맞는 맛을 알아가는 여정

Choosing Your Beans

내 취향을 알아낸 다음 원두 선택하기

맛있는 커피와 만나려면 우선 내가 어떤 맛을 좋아하는지 알아야 합니다. 취향이 어떤 쪽인지를 알아야 커피를 선택할 수 있기 때문이죠.

생산국, 농원, 품종, 배전도, 카페, 커피 브랜드의 종류는 수도 없이 많습니다. 추출하는 방법에 따라서도 맛은 달라지지만 커피의 맛에 가장 큰 영향을 끼치는 것은 원두 선택입니다.

맛있는 커피와 만나려면 우선 내가 어떤 맛을 좋아하는지를 알아내야 합니다. 또한 내 취향에 맞는 커피와 만나는 첫걸음은 다양한 커피를 맛보는 것입니다. 제가 추천하고 싶은 방법은 품질이 뛰어난 원두를 취급하는 커피 전문점에서 비교 시음을 체험해 보는 것입니다. 비교 시음을 해보면 각각 다른 원두의 맛의 차이를 체험할 수 있습니다.

하지만 갑자기 내 취향에 맞는 맛을 설명하는 것은 어려운 작업입니다. 그래서 일단은 대략적으로라도 '깔끔한', '묵직한'의 두 가지로 나눠서 생각해 보겠습니다. 이때 오른쪽 페이지의 표에 나와 있는 플레이버Flavor를 참고하면 됩니다. 깔끔한 플레이버 중에서도 어떤 플레이버의 깔끔한 커피를 좋아하는지만 알아도 선택 범위는 좁아지기 때문에 자신의 취향에 맞는 맛을 만날 수 있는 확률이 높아집니다. 또한 생산국에 따라 편안한 산미가 나거나 강한 산미가 나는데, 원래 산미가 나는 생두를 일부러 강배전해서 제공하는 곳도 있습니다.

7가지 플레이버

Floral

깔끔 / 묵직

플로럴

꽃향기가 나며 화사한 맛이 난다.

· 게이샤
· 페루
· 과테말라
· 고지산

Citrus

깔끔 / 묵직

시트러스

감귤류 과일처럼 상큼한 맛이 난다.

· 코스타리카
· 콜롬비아
· 파나마
· 니카라과

Berry

깔끔 / 묵직

베리

베리와 같은 과실감이 있는 맛이 난다.

· 내추럴 프로세스
· 무산소 발효
· 프로세스
· 아프리카계 품종

Balance

깔끔 / 묵직

밸런스

기분 좋은 밸런스가 느껴지며 목 넘김이 좋다.

· 볼리비아
· 과테말라
· 온두라스
· 엘살바도르

Nuts

깔끔 / 묵직

너트

견과류와 같은 구수한 향을 가진 맛이 난다.

· 브라질
· 페루 강배전
· 코스타리카 강배전

Chocolate

깔끔 / 묵직

초콜릿

초콜릿 향이 나며 비터감(쓴맛)이 있다.

· 인도네시아
· 과테말라 강배전
· 온두라스 강배전

Africa

깔끔 / 묵직

아프리카

아프리카 커피 특유의 풍부한 개성을 가진 맛이 난다.

· 케냐
· 에티오피아
· 브룬디 공화국
· 르완다

Miki's Voice

비교 시음을 해보면 맛의 차이를 체험할 수 있기 때문에 내 취향을 더 잘 알게 됩니다. 다양한 커피 맛에 도전해 보세요. 마셔본 커피의 맛이 어땠는지 한 단어라도 나만의 언어로 표현해 보면 커피 맛에 대한 이해가 더 깊어진답니다.

Choose Your Favorite

취향에 맞는 원두 고르기

어떤 원두를 고르면 좋을지 잘 모를 때는 다음 차트를 참고하여 자신의 취향을 발견해 보세요.

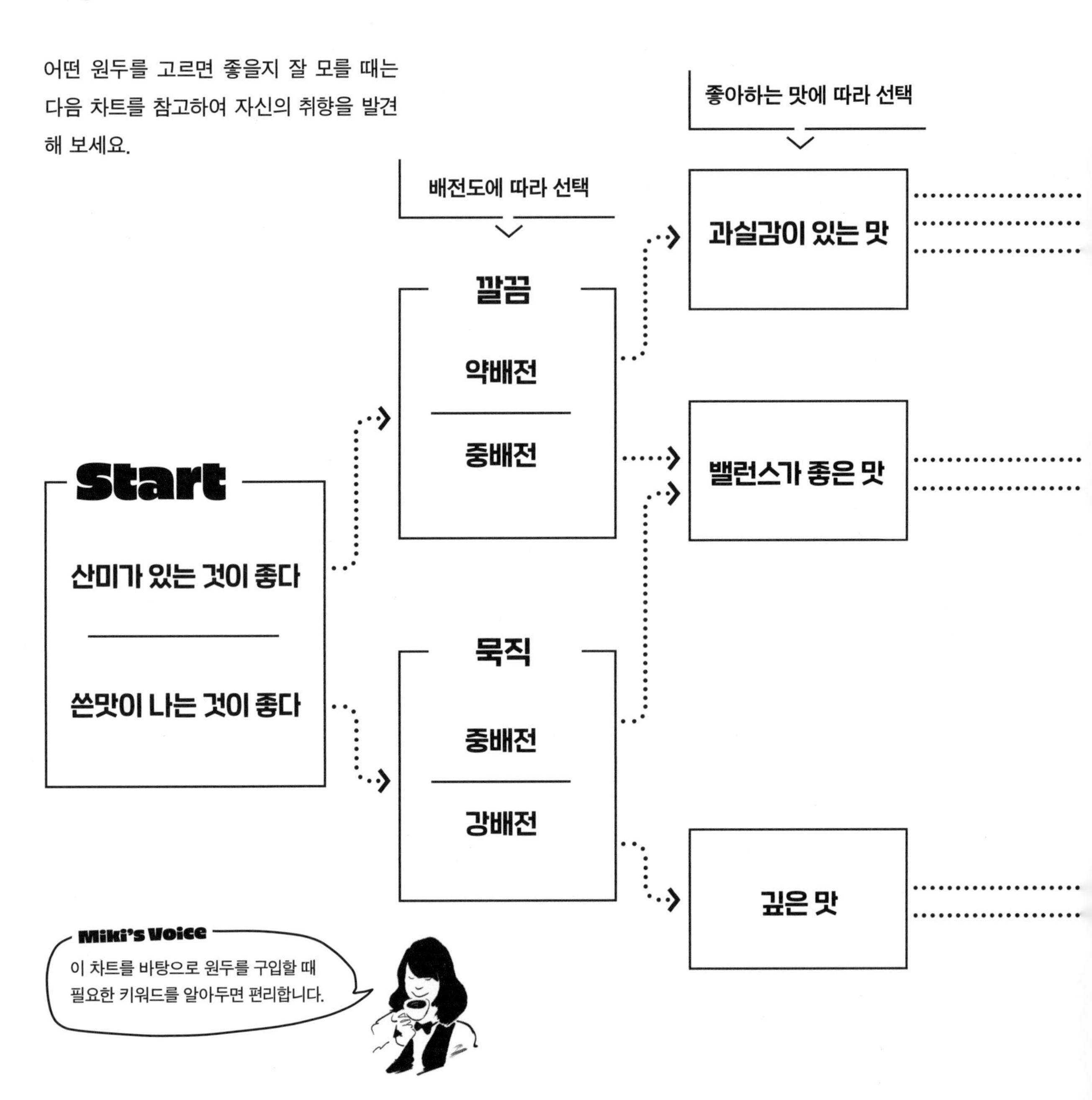

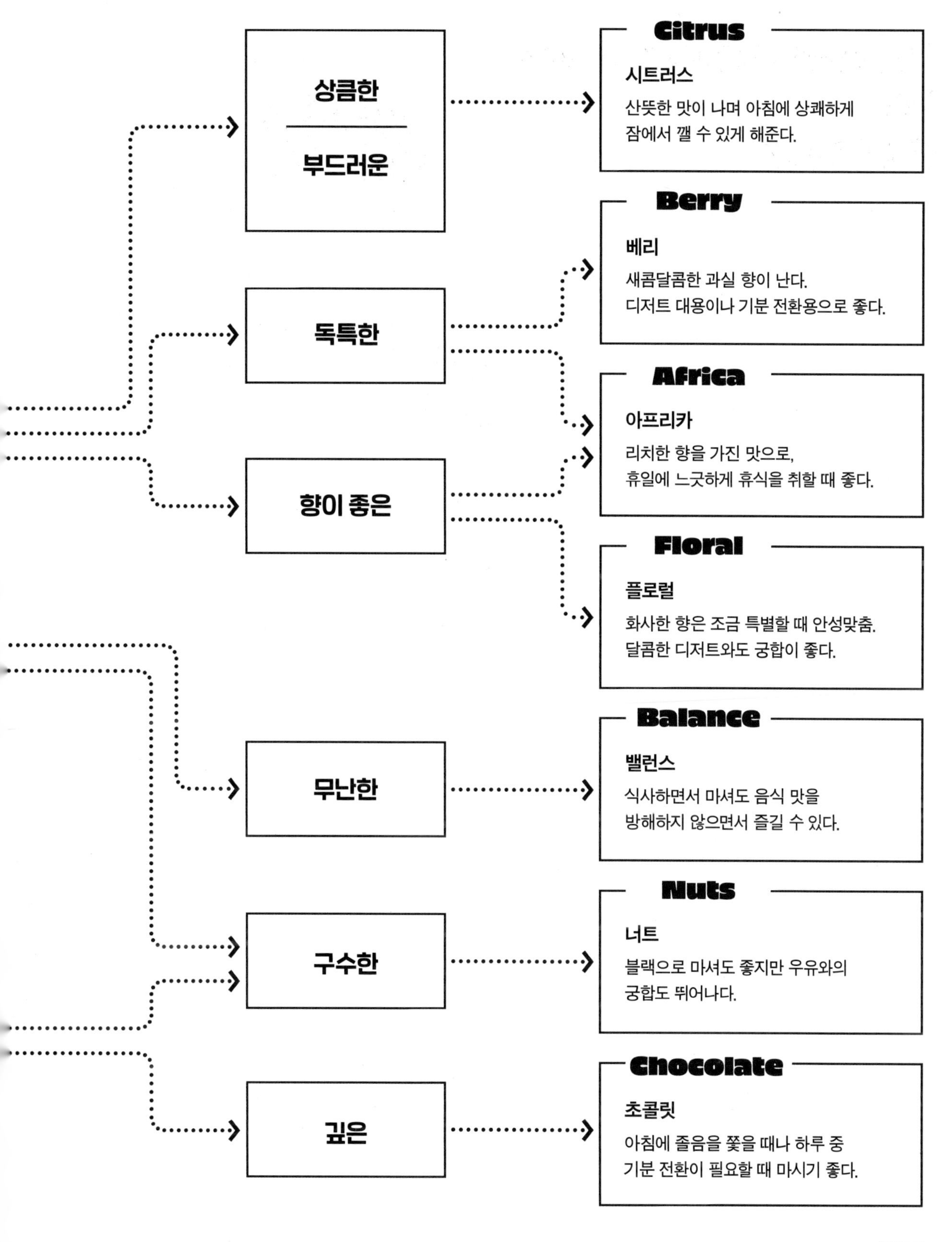
상큼한
부드러운
독특한
향이 좋은
무난한
구수한
깊은
Citrus
시트러스
산뜻한 맛이 나며 아침에 상쾌하게
잠에서 깰 수 있게 해준다.
Berry
베리
새콤달콤한 과실 향이 난다.
디저트 대용이나 기분 전환용으로 좋다.
Africa
아프리카
리치한 향을 가진 맛으로,
휴일에 느긋하게 휴식을 취할 때 좋다.
Floral
플로럴
화사한 향은 조금 특별할 때 안성맞춤.
달콤한 디저트와도 궁합이 좋다.
Balance
밸런스
식사하면서 마셔도 음식 맛을
방해하지 않으면서 즐길 수 있다.
Nuts
너트
블랙으로 마셔도 좋지만 우유와의
궁합도 뛰어나다.
Chocolate
초콜릿
아침에 졸음을 쫓을 때나 하루 중
기분 전환이 필요할 때 마시기 좋다.

Communicating in Coffee

커피 취향을 설명할 때 필요한 표현

커피 취향을 설명할 때 특정 커피에 대한 느낌을 표현할 수 있으면 내 취향에 맞는 맛을 찾아내기가 쉬워집니다. 커피를 표현하는 플레이버에 대해 알아볼까요?

앞에서 커피의 기본적인 7가지 플레이버에 대해 소개했는데, 사실 커피에는 이보다 더 상세한 표현들이 있습니다. 맛, 향, 느낌 등과 같은 차이들을 단어로 잘 표현할 수 있으면 바리스타에게 더욱 명료하게 전달이 되기 때문에 내 취향에 맞는 맛에 한 걸음 더 가까이 갈 수 있게 됩니다.

와인 세계에는 '테이스팅'이라고 하는 맛의 평가 방법이 있는데, 커피 세계에서는 이를 '커핑'이라고 부릅니다. 스페셜티 커피의 경우, 각 풍미의 특징을 찾아내서 평가하는 항목 중에 '플레이버'라는 것이 있습니다. 마셨을 때의 향과 맛을 보고 다른 음식과 음료에 비유하여 맛을 표현하는 것입니다.

단, 커피를 마셨을 때 그 맛을 느꼈을지라도 이를 말로 표현하는 것은 대단히 어려운 작업입니다. 처음에는 오른쪽 페이지에 있는 표에 나와 있는 것처럼, 너트를 연상시키는 풍미인지, 과일을 연상시키는 풍미인지, 이 두 가지에서 시작하면 됩니다.

어느 쪽인지 알았다면 다음 단계로 넘어갑니다. 가령 과일이 연상되었다면 그것이 감귤류인지, 베리류인지, 열대과일류인지 찾아봅니다. 단계적으로 세분화하다 보면 구체적으로 표현할 수 있게 됩니다. 평소에 다양한 음식의 향에 관심을 가지고 플레이버를 느끼도록 노력하면 도움이 되겠지요.

플레이버 분류

너트를 연상시키는 풍미

스파이스계
- 달콤한 스파이스
- 매운 스파이스

너트계
- 아몬드, 캐슈넛
- 헤이즐넛
- 피넛

달콤함을 연상시키는 풍미

브라운 슈거계
- 꿀
- 캐러멜
- 설탕
- 메이플 시럽
- 브라운 슈거
- 바닐라

초콜릿계
- 비터 초콜릿
- 초콜릿
- 밀크 초콜릿
- 카카오

과일을 연상시키는 풍미

사과계
- 사과
- 초록 사과

열대과일계
- 체리
- 패션 프루트
- 파인애플
- 복숭아
- 망고
- 포도
- 서양배

베리계
- 라즈베리
- 블루베리
- 블랙베리
- 스트로베리

감귤계
- 레몬
- 자몽
- 오렌지
- 라임

플로럴계
- 홍차
- 캐모마일
- 장미
- 재스민, 베르가모트

Coffee and Flavor

세계 공통의 플레이버 휠

내 취향에 맞는 커피를 찾아낼 때, 혹은 커피를 표현할 때 알아두면 유용한 것이 바로 플레이버의 종류입니다.

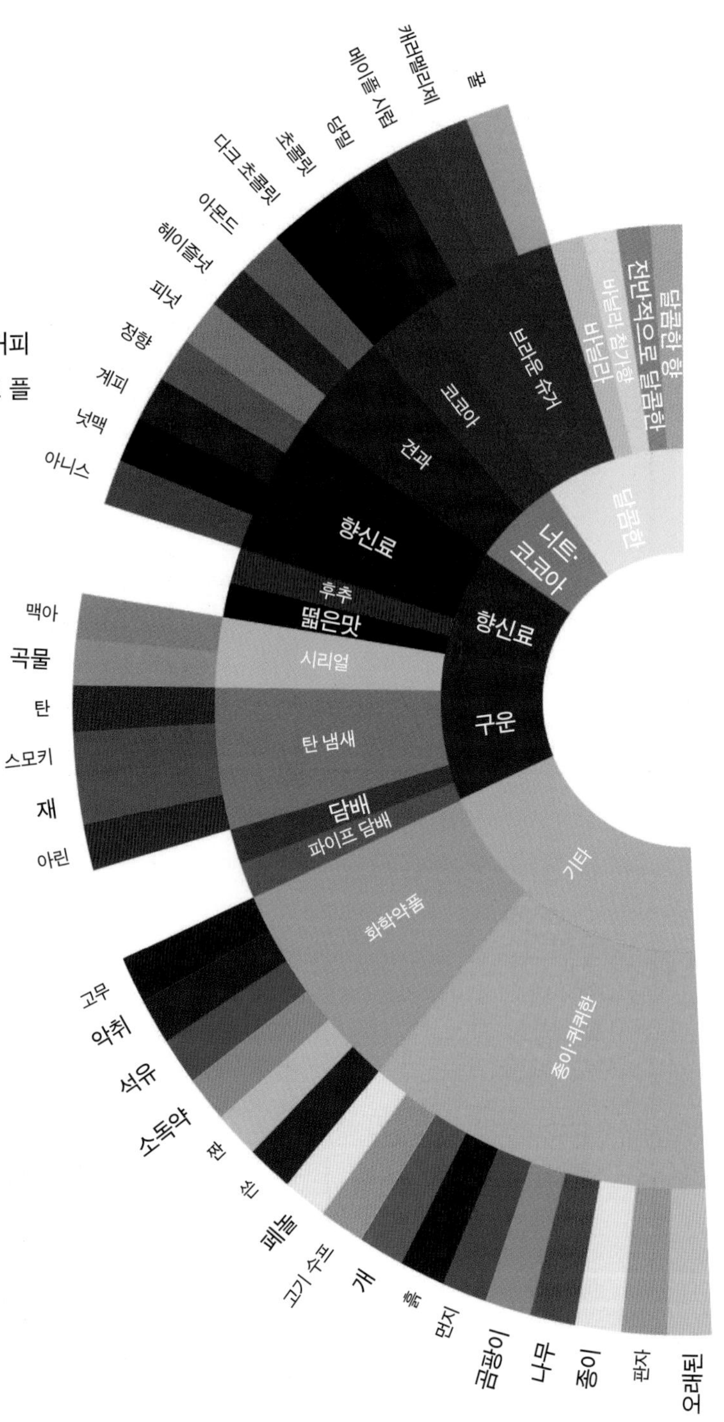

Miki's Voice

프루트계라고 크게 묶여있는 부분은 베리, 말린 과일, 기타 프루트로 다시 나뉩니다. 베리에도 블랙베리냐 스트로베리냐에 따라 연상되는 맛과 향이 달라집니다.

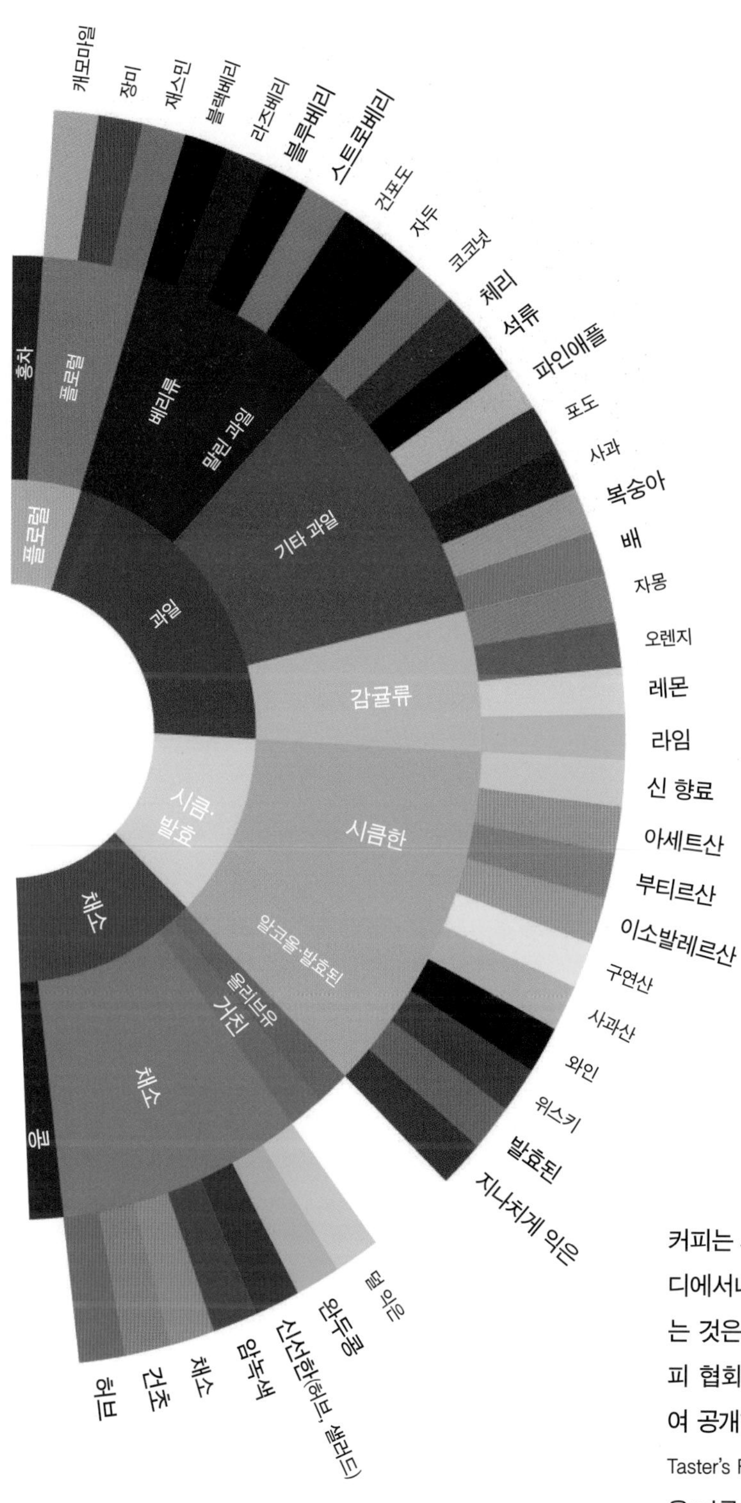

커피는 세계 각국에서 마시기 때문에, 전 세계 어디에서나 통할 수 있는 말로 플레이버를 표현하는 것은 대단히 중요합니다. 그래서 스페셜티 커피 협회와 월드 커피 리서치가 공동으로 개발하여 공개한 것이 플레이버 휠Flavor Wheel(The Coffee Taster's Flavor Wheel)입니다.입니다. 플레이버 감각을 기를 때 참고하면 도움이 되겠지요?

Choosing Your Shop

원두는 어디에서 구입하면 좋을까?

나만의 커피 취향을 파악했다면 이제 원두를 구입해 볼 차례입니다. 원두는 어디에서, 무엇을 고려해서 사면 될지 구입할 때의 팁을 소개합니다.

커피콩은 생두 → 배전 → 가루로 분쇄하는 공정을 거칠 때마다 품질이 저하되기 쉬우므로, '배전한 원두를 마시기 직전에 분쇄해서 추출하는' 것이 커피를 가장 맛있게 마시는 방법입니다. 이런 작업이 가능한 곳은 바로 커피 전문점입니다.

한편 슈퍼마켓이나 백화점도 다양한 원두를 구비하고 있어 안정된 맛을 가진 커피 원두를 구할 수 있습니다. 온라인으로 구입하는 것도 무난합니다. 커피 전문점의 홈페이지, 아마존 등에서도 다양한 커피 구입이 가능합니다. 해외 직구도 가능하므로, 해외 로스터의 커피를 얼마든지 맛볼 수 있게 되었습니다.

원두 구입할 때의 Tip

1. 내 취향에 맞는 원두를 찾고 싶다면 먼저 커피 전문점으로 가보자.

2. 원두 상태에서 구입하면 신선도가 오래 유지된다.

3. 분쇄한 커피는 신선도가 쉽게 떨어지므로 구입량을 조정해서 빠른 시일 내에 마시도록 한다.

4. 다양한 종류의 커피를 맛보고 싶다면 슈퍼마켓이나 온라인 구매도 괜찮다.

로스터리 카페

원두를 직접 시향해보고 선택할 수 있다

로스터리 커피 전문점은 생두를 직접 볶아 로스팅하여 운영하는 카페를 의미합니다. 구비되어 있는 커피 종류가 다양하며 바리스타가 항상 있기 때문에 취향에 맞는 커피를 찾기에 용이합니다. 간혹 현장에서 배전을 해주는 곳도 있습니다. 에스프레소 머신이 있는 곳이라면 제대로 된 기계로 추출하는 카푸치노와 같이 집에서는 만들기 어려운 커피를 마셔보는 것도 좋겠지요?

코스트코

손쉽게 다양한 커피를 비교 구매할 수 있다

코스트코는 다양한 종류의 원두를 구비하고 있어, 가성비 좋은 원두를 보다 쉽게 구할 수 있습니다. 원두의 신선도는 자가 배전을 하는 커피 전문점만큼 뛰어나지는 않지만, 평균적인 맛은 기대할 수 있습니다. 다른 브랜드와 비교도 가능하며, 다양한 가격대에서 선택할 수 있어서 초보자들도 안심하고 구매하기 좋습니다. 스타벅스 등 유명 프렌차이즈의 시즌 한정 원두 및 테라로사, 룰리커피, 폴바셋 등의 스페셜티 원두도 부담없는 가격에 구매할 수 있습니다.

원두 구독

전 세계의 커피를 집으로 받아 보는 즐거움

해외 원두를 구매하는 방법에는 원두 구독Subscriptoin이 있습니다. 잡지를 정기 구독하듯이 원두를 정해진 날짜에 정기적으로 배송해 주는 시스템입니다. 배송료는 무료이며, 원두 선택을 고객이 아닌 로스터리가 하기 때문에 커피를 잘 모르는 입문자들이 양질의 원두에 쉽게 접근할 수 있다는 장점이 있습니다. 커피 커뮤니티를 통해 원두를 공동구매하는 방법도 추천합니다. 커뮤니티 회원들과 의견을 주고받으며 보다 다양한 원두를 접할 수 있을 것입니다.

Viewing its Package

원두 포장과 POP를 보면 알 수 있는 것

원두의 포장이나 POP는 해당 원두에 관한 다양한 정보를 담고 있습니다. 정확하게 이해만 할 수 있다면 그 원두가 어떤 맛인지 예측할 수 있으므로 알아 두면 도움이 됩니다.

① Producing area

생산국명, 지역, 생산자

커피콩의 생산국, 지역과 농원을 표시합니다. 스페셜티 커피일수록 트레이서빌리티를 중시하며, 품질이 높을수록 생산 정보의 투명성이 높습니다.

⑥ Processing

생두 가공

어떤 생두 가공 방식을 쓰느냐에 따라 커피의 맛이 달라지기 때문에 최근 이에 대한 관심이 높아지고 있습니다. 내추럴, 워시드, 펄프드 내추럴 등의 종류가 있습니다(자세한 내용은 42쪽 참조).

취향에 맞는 원두를 구매하고자 할 때 중요한 것은 원두에 대한 정보입니다. 이러한 정보는 POP와 원두의 포장에 적혀 있으므로 구매 전에 반드시 확인해야 합니다.

슈퍼마켓에서 판매하고 있는 분쇄 원두커피는 흔히 '레귤러 커피Regular coffee'라고 적혀 있는데, 이는 인스턴트커피와 구별하기 위한 명칭으로, 분쇄한 원두 가루를 끓인 물로 추출하는 커피를 의미합니다. 원재료명에는 커피콩이라고 적혀있으며, 생두의 생산국명이 적혀있습니다. 뿐만 아니라 배전 방식, 원두 분쇄 방식도 적혀있습니다.

스페셜티 커피에는 위와 같은 정보 외에 산지와 농원, 재배된 해발 고도와 같은 생산자 정보가 상세하게 적혀 있으며, 티피카나 부르봉과 같은 품종명, 생두 가공 방식 등도 적혀있습니다. 이런 정보들을 보고 이해할 수 있다면 어떤 커피인지 일목요연하게 알 수 있으므로 좋아하는 맛을 찾아가기 위한 지침이 되어줄 것입니다. 커피에 대한 정보가 각각 무엇을 나타내는지를 알아두면 원두를 구매할 때 아주 유용할 것입니다.

② Variety

품종

스페셜티 커피는 100%가 아라비카종입니다. 하지만 같은 아라비카종이라도 어떤 품종이냐에 따라 맛은 다릅니다. 대표적인 품종은 31쪽에서 소개한 티피카, 부르봉, 게이샤, 카투라 등입니다. 아라비카종에는 수백 개의 품종이 있습니다.

Grade

등급

24쪽에서 소개한 것처럼 커피콩은 산지의 해발 고도와 스크린, 결점두의 개수에 따라 등급이 부여되며, 이러한 항목들은 품질을 결정하는 판단 기준이 됩니다. 커피의 품질과 가격에 영향을 주게 되는 것이죠. 커피콩의 등급은 상품명에 기입되기도 합니다.

③ Elevation

해발 고도

일교차가 큰 고지대에서 재배된 커피는 풍미가 뛰어나다고 합니다. 위도가 같다면 해발 고도가 높을수록 품질이 좋은 커피를 생산하기에 유리합니다.

④ Roasting

배전도

배전도는 커피 맛을 결정하는 중요한 요소 중 하나입니다. 산뜻한 맛을 좋아한다면 약배전, 깊이가 있는 맛을 좋아한다면 강배전, 밸런스가 잡힌 맛을 선호한다면 중배전을 선택하면 됩니다.

POP

패키지

⑤ Flavor

플레이버

어떤 맛인지 좀 더 구체적으로 표현하기 위해 플레이버를 맛에 대한 노트로 기재하기도 합니다. 프루트계, 너트계에서부터 보다 상세한 노트까지 다양한 노트가 있습니다.

⑦ Roasting day

배전일

커피의 풍미는 보관 상태에 따라서도 달라지는데, 배전하고 나서 1~2주 사이가 가장 맛있습니다.

Chain Stores in Town

거리의 커피 체인점은 커피 입문을 위한 관문

커피를 처음 만나게 되는 곳은 아마도 카페일 것입니다. 그럼 지금부터 본격적인 커피를 부담 없이 마실 수 있는 '시애틀계 커피'에 대해 정리해볼까요?

시애틀계 커피는 1980년경 미국에서 시작되어 순식간에 전 세계로 퍼져 나갔습니다. 일본에는 스타벅스 커피점이 1,550개 이상, 630개 전후의 털리스Tully's 커피점이 있습니다. 모두 인지도가 높은 브랜드로, 이들은 '시애틀계 카페'라고 불립니다.

1970년경까지 미국은 대량 생산과 대량 소비가 주를 이루는 시대였기 때문에, 대부분의 사람들은 패밀리 레스토랑 등에서 약배전한 원두로 추출하는 '아메리칸 커피'를 많이 마셨습니다. 이후 80년대부터 미국 서해안 등지에 강배전한 원두로 추출한 드립 커피나 에스프레소와 같은 본격적인 유럽식 커피가 등장하게 됩니다. 카페라테, 카푸치노, 마키아토와 같은 커피도 이 시기에 큰 인기를 얻었습니다.

90년대에 들어서면서 사람들은 커피콩의 산지를 중요하게 여기고 개성을 최대한으로 끌어내는 추출 방식을 선호하게 됩니다. 소위 커피의 '맛'을 중요하게 여기는 움직임이 퍼지기 시작한 것이죠. 시애틀계를 포함한 커피 체인점은 거리를 나서면 어디에서나 쉽게 찾을 수 있으며 개방감 있는 분위기를 제공합니다. 그렇기 때문에, 커피를 처음 맛보기 위한 장소로는 최적이라고 할 수 있습니다. 커피 체인점은 메뉴도 다양해서 커피를 처음 접하는 사람부터 마니아까지 부담 없이 즐길 수 있습니다. 무난한 커피부터 먼저 맛보고 나서 깊은 맛을 가진 커피를 시도하는 것도 좋은 방법입니다. 커피 체인점은 커피 입문을 위한 관문과 같은 역할을 합니다.

커피 체인점의 장점

01

다양한 종류의 커피

메뉴 선택의 폭이 넓고, 업소용 커피 머신으로 추출한 카푸치노, 카페라테와 단맛이 가미된 어레인지 음료의 종류도 다양합니다.

02

새로운 체험

계절마다 새로운 원두를 맛볼 수 있으며, 같은 브랜드라도 체인점에 따라 조금씩 테마가 다른 곳도 있어 다채로운 경험을 할 수 있습니다.

03

커피 강좌

체인점에서는 종종 커피 강좌를 개최하기도 합니다. 강좌를 통해 커피에 대해 더욱 깊이 있게 배울 수 있습니다.

04

쉬운 접근성

커피 체인점은 어디에서나 쉽게 찾을 수 있으며, 가격도 합리적이기 때문에 커피를 처음 접하는 사람들의 입문을 위한 관문의 역할을 합니다.

05

커피 상담도 OK

직원에게 간단한 커피 관련 문의가 가능합니다.

Miki's Voice

커피에 관심은 있는데 쓴맛에는 익숙하지 않다면 단맛이 가미된 커피에서 시작해 서서히 카페라테, 블랙커피로 넘어가는 것도 좋은 방법입니다.

카페라테, 마키아토, 카푸치노의 차이를 아시나요?

MILK: 60
ESP: 30

MILK: 100-120
ESP: 30

카페라테

이탈리아어로 카페는 '커피'라는 뜻이며, 라테는 '우유'를 말합니다. 큼직한 컵에 에스프레소를 30cc 넣고 스팀 밀크를 넉넉하게 부어 줍니다.

마키아토

데미타스Demitasse* 잔에 에스프레소 30cc를 넣고 폼밀크를 소량 부으면 됩니다.

* 보통 커피 잔의 반 정도의 용량을 가진 작은 컵

카푸치노

카푸치노는 카푸친회 수도승의 승복 색깔과 비슷하다고 해서 붙여진 이름입니다. 카푸치노 잔에 에스프레소 30cc를 넣고 스팀 밀크와 폼밀크를 부어서 완성합니다.

Taste Specialty Store

스페셜티 커피 전문점 체험하기

갓 볶은 나만의 취향의 원두를 바로 추출해서 마시면 '커피가 이렇게 다를 수도 있구나'라고 할 정도로 놀라운 맛을 선사합니다. 주변에서 찾아볼 수 있는 대표적인 스페셜티 커피 전문점으로는 스타벅스 리저브, 블루보틀, 테라로사 등이 있습니다.

제3의 물결에 힘입어 블루보틀 커피Blue Bottle Coffee와 마이크로 로스터Micro Roaster처럼 스페셜티 커피를 마실 수 있는 곳이 차례차례 생겨나고 있습니다. 블루보틀 커피의 창시자도 일본 카페에서의 커피 체험이 스페셜티 커피 전문점을 시작하는 계기가 되었다고 말했을 정도로 일본에는 오래전부터 자가배전을 하는 곳이나 핸드드립으로 정성껏 커피를 추출하는 카페가 많았습니다. 예전부터 맛있는 커피를 느긋하게 맛보는 문화가 형성되어 있었던 것입니다. 그러면 최근 늘어나고 있는 커피 전문점에서는 어떤 체험이 가능할까요?

우선, 카페에서 사들인 생두를 정성껏 자가배전하여 바리스타를 비롯한 전문 스태프들이 최고의 상태에서 커피를 추출하게 됩니다. 메뉴판에 나열되어 있는 수많은 메뉴에 눈길이 가겠지만, 부탁하면 시음이 가능한 경우도 있으며, 원두의 특징과 산지, 플레이버 등에 대한 설명도 해 줍니다. 디저트 메뉴가 있는 카페라면 각 디저트에 어울리는 커피를 함께 즐길 수도 있습니다. 마음에 드는 원두 구입도 물론 가능합니다. 고객의 취향에 맞게 배전도를 맞춰 주는 곳도 있습니다.

원두만 취급하는 판매점도 있는데, 이러한 곳은 보통 상담에 친절하게 응해주거나, 시음을 제공하기 때문에 이를 적절히 이용해서 맛있는 커피를 선택하면 됩니다.

스페셜티 커피 전문점 선택을 위한 Tip

1. 상담에 응해준다

기본적인 질문에도 친절하게 대답해 주고 고객이 좋아하는 맛을 찾도록 도와주는 곳이라면 안심.

2. 시음이 가능하다

산지가 같아도 지역과 배전도에 따라 커피의 맛과 향은 달라집니다. 시음이 가능한 곳이라면 꼭 직접 시음해 보도록 합니다.

3. 생두에 대한 정보를 제공한다

농원, 품종, 산지 등 커피콩의 맛을 아는 데 중요한 요인이 되는 정보를 제공하는 곳이 좋습니다.

4. 배전일을 명시한다

커피콩은 배전하고 나서 1~2주 되었을 때 가장 맛이 좋습니다. 배전을 언제 한 원두인지 알려주는 곳을 선택하도록 합니다.

바리스타는 어떤 직업일까요?

커피 전문점에 가면 만날 수 있는 바리스타는 원래 이탈리아어로 '바bar에서 서비스를 하는 사람'이라는 의미였습니다. 현재는 바의 카운터에 서서 고객의 주문을 받아 커피를 추출하는 직업을 가진 사람을 가리킵니다. 바리스타는 분쇄한 커피콩을 다양한 방법으로 추출하고, 생두의 선정과 배전의 정도, 분쇄 방법, 추출 방법, 사용하는 기계를 조정하거나 배전소에 지시를 내리는 일도 담당합니다. 1년에 한 번, 50개국 이상의 내셔널 챔피언이 실력을 겨루는 '월드 바리스타 챔피언십' 대회가 있는데, 2014년에는 마루야마 커피의 바리스타 이자키 히데노리가 아시아인 최초로 챔피언십을 거머쥐었습니다. 2017년에는 이 책의 저자인 바리스타 스즈키 미키가 준우승을 차지한 바 있습니다.

Amazing Coffee Experience

마루야마 커피의 스페셜티 커피 체험 Tip

스페셜티 커피에 대해 알고 싶다면 실제로 마셔보는 것이 가장 좋은 방법입니다. 마루야마 커피에서 마음에 드는 스페셜티 커피를 차분히 음미해보면 어떨까요?

01

커피는 생산자를 보고 직접 선택한다

단일 지역, 단일 생산자의 커피로 만드는 싱글오리진은 생산자 이름으로 소개합니다. 각 생산자의 독특한 커피를 그들만의 특성과 함께 소개하고 있습니다. 마음에 드는 생산자가 있다면 주문해 볼 것을 추천합니다.

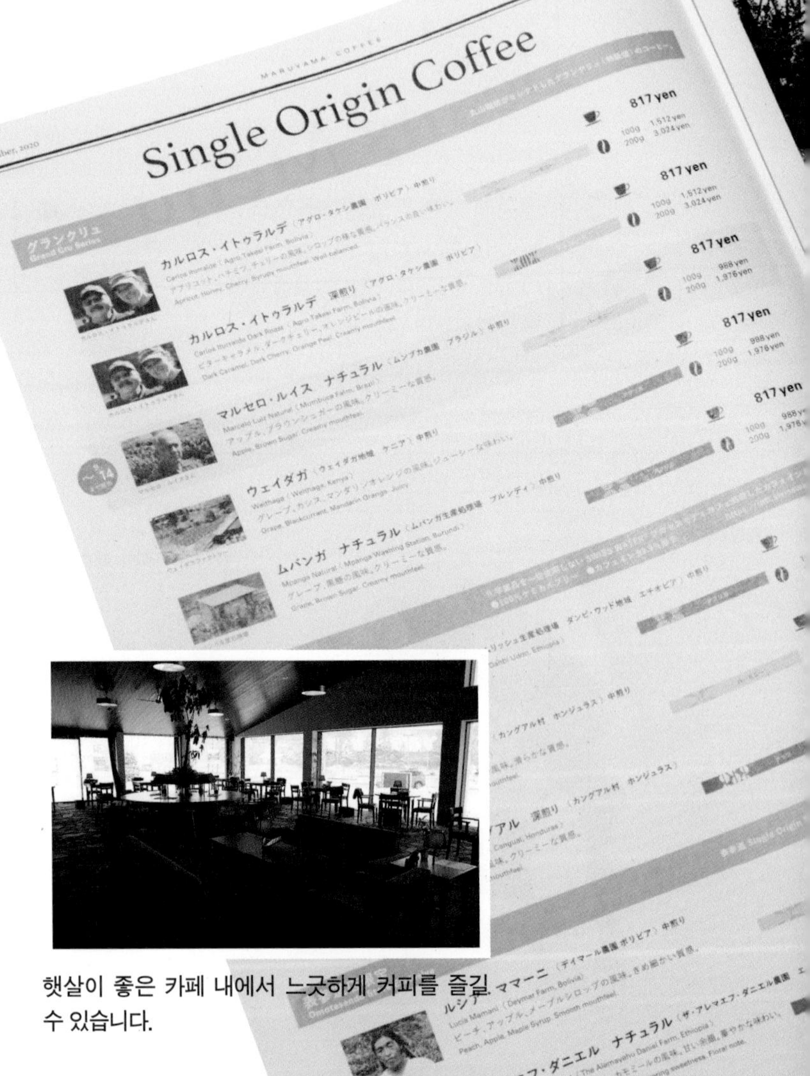

햇살이 좋은 카페 내에서 느긋하게 커피를 즐길 수 있습니다.

마루야마 커피는 1991년 가루이자와역에서 창업한 이래 일본 스페셜티 커피의 선도자로 알려져 왔습니다. 창업자가 직접 생산지를 찾아가 커피콩을 구매하고, 독자적인 배전 방법을 고집하여 고품질의 커피를 맛볼 수 있게 하는 것이 특징입니다. 가루이자와역에 있는 본점뿐만 아니라 도쿄도 내에도 몇 개의 점포가 있습니다. 상시 20종 이상의 원두를 구비하고 있어 스페셜티 커피를 즐기기 위한 최적의 장소라고 할 수 있습니다. 카페 내에서 느긋하게 커피를 즐길 수 있으며, 원두 구매도 가능합니다.

02

메뉴에서 마음에 드는 맛을 찾는다

메뉴에는 생산자 이름, 농원명, 품종, 플레이버의 특징, 배전도 등이 적혀있습니다. 플레이버는 '체리와 허브 풍미', '비터 캐러멜 풍미' 등으로 적혀 있어 취향에 맞는 커피를 선택할 수 있습니다.

03

스트레이트로 마시거나 우유를 넣어서 마신다

커피 본래의 맛을 알려면 우선 스트레이트로 마셔볼 것을 추천합니다. 커피에 따라 우유나 설탕을 넣어도 커피 특유의 개성을 느낄 수 있고 맛의 차이를 효과적으로 알 수 있는 경우도 있습니다. 매장 내의 스태프에게 추천해 달라고 부탁하는 것도 좋은 방법입니다.

04

시음이 가능하다

원두 구매 시 어떤 것을 골라야 할지 잘 모를 때는 시음을 해 볼 것을 추천합니다. 프렌치 프레스로 천천히 추출한 커피로 맛의 차이를 느낀 후에 마시고 싶은 커피를 골라 보세요.

05

원두 분쇄 서비스도 가능합니다

원두 상태로 구매할 수도 있으며, 원두를 분쇄하는 서비스도 무료로 가능합니다. 집에 커피 그라인더(원두를 분쇄하는 기구)가 있으면 배전한 원두를 구매하면 됩니다. 집에 그라인더가 없으면 매장에 분쇄해 달라고 부탁하세요.

마루야마 커피 메뉴판

Miki's Voice

커피는 수확 시기, 이웃하고 있는 밭에 따라서도 맛이 달라집니다. 그래서 더더욱 생산자와 농원, 지역을 확실하게 소개함으로써 '이 사람이 재배한 커피는 맛있다'라는 메시지를 어필하려는 것이죠. 재배자를 보고 원두를 고르는 새로운 선택 방법이라 할 수 있겠습니다.

Convenient Coffee Items

손쉽고 간단하게 즐기는 커피 아이템

분주한 아침이나 야외에서는 간편하게 마실 수 있는 간편 커피 아이템을 이용해 보세요. 요즘 시판되는 제품들은 커피 맛도 평균 이상입니다.

바쁜 아침 시간과 같이 정신이 없을 때는 최대한 빠르고 간편하게 커피를 마시고 싶을 것입니다. 가정에서 핸드드립으로 추출할 때 추출 방법에 따라 맛이 일정하지 않은 것도 커피를 직접 추출하기 어려운 점 중의 하나입니다. 모처럼 좋은 원두를 사 와서 정성껏 추출했는데 커피가 맛있게 우려지지 않으면 실망하게 되기도 하지요.

최근에는 한 잔 추출 전용 드립백 커피, 뜨거운 물에 담그기만 하면 되는 커피백, 고품질 액상 커피 등 간편할 뿐만 아니라 맛도 평균 이상인 커피 아이템이 많이 시판되고 있습니다. 1인용으로 추출이 가능하기 때문에 야외에서도 간편하게 활용할 수 있습니다. 이처럼 다양한 아이템들을 상황과 장소에 맞게 적절하게 사용하면 커피를 더욱 잘 즐길 수 있을 것입니다.

고품질 원두를 사용한 인스턴트커피도 등장했습니다. 지금까지 인스턴트커피라고 하면 품질이 그다지 좋지 않고 대량 생산으로 재배한 원두로 만드는 일이 많았습니다. 하지만 최근 고품질 원두로 만들면 인스턴트커피도 맛있을 수 있다는 생각이 보편화되면서, 고품질 원두를 사용한 인스턴트커피가 생겨난 것이죠. 가격은 올라가지만 그만큼 가치 있는 맛을 간편하게 즐길 수 있게 되었다는 점은 반가운 일이 아닐 수 없습니다.

Coffee bag

커피백

홍차 티백의 커피 버전이자 침출식의 간이 버전입니다. 컵에 커피백을 넣고 백 전체가 젖을 때까지 뜨거운 물을 소량 부은 다음 30초가량 뜸을 들입니다. 그다음 뜨거운 물을 보태서 부은 다음에 4분간 담가 둡니다. 4분이 지나면 커피백을 세로로 10회 정도 흔들어서 성분이 잘 우러나게 하면 완성입니다.

Drip bag Coffee

드립백 커피

종이백 안에 한 잔 분량의 원두 가루가 들어 있어 직접 컵에 드립을 위한 세팅이 가능합니다. 처음에는 드립백 전체에 뜨거운 물을 부어 20초 정도 뜸을 들이고 나서, 두세 번에 나눠 뜨거운 물을 부어 줍니다. 정량만 지키면 맛있는 커피를 추출할 수 있습니다.

Liquid Coffee

액상 커피

커피 전문점이 취급하는 액상 커피는 아라비카종 원두를 사용하여 정성껏 추출한 커피를 그대로 병에 넣어 판매하고 있으므로, 가정에서도 고품질의 맛있는 커피를 즐길 수 있습니다. 냉장고에 시원하게 보관해서 희석하지 않고 그대로 마시면 됩니다. 취향에 따라 우유나 설탕을 넣어도 됩니다.

Way to Information

커피에 관한 정보는 어떻게 얻을 수 있을까?

오늘날에는 하루가 다르게 커피에 관한 새로운 내용이 추가되고 있기 때문에, 카페나 인터넷 등을 통해 부지런히 커피 관련 정보를 업데이트할 필요가 있습니다.

전문 바리스타와 소통하자

스페셜티 커피 전문점의 바리스타와의 소통을 추천합니다. 바리스타는 최신 커피 트렌드, 정보 등을 가장 잘 파악하고 있는 커피 전문가입니다. 커피를 마시면서 바리스타들과의 소통을 통해 커피콩, 추출 기구, 커피 맛 등에 관한 다양한 인사이트를 얻을 수 있을 것입니다.

커피를 즐기다 보면 커피에 관한 기본적인 정보는 물론 커피의 새로운 트렌드를 비롯하여 보다 어려운 수준의 정보도 궁금해집니다. 그럴 때는 커피 전문점의 바리스타에게 질문하는 것도 좋은 방법입니다. 또한 대형 커피 제조업체나 커피 전문점의 자사 홈페이지는 커피와 관련한 정보들을 꾸준히 업데이트 하기 때문에 이런 곳들을 참고하면 도움을 얻을 수 있습니다.

유튜브에서도 초보자 전용에서 상급자 전용까지, 다양하게 커피에 관한 지식을 공유합니다. 동영상을 통해 상세한 부분까지 친절하게 설명해 주기 때문에 아주 유용합니다.

도서와 잡지를 활용하자

서적을 통해서도 커피에 대한 기본적인 내용부터 보다 전문적인 내용까지 배울 수 있습니다. 커피에 관한 월간 잡지도 잘 나와 있으니, 정기적으로 커피 지식을 업데이트 하고 싶다면 커피 잡지 구독 신청을 추천합니다.

커피 유튜브 채널을 참고하자

영어를 몰라도 유튜브 동영상의 커피 시연 장면을 보는 것만으로 충분히 커피 공부가 가능합니다. 유용한 커피 유튜브 채널 Top3을 추천합니다.

1. European Coffee Trip - 커피 트렌드를 한눈에 파악하기에 좋은 채널.
2. Seattle Coffee Gear - 커피 관련 제품들을 리뷰하는 채널.
3. Coffeefusion - 바리스타에게 필요한 다양하고 화려한 기술들을 소개하는 채널.

* 추천 검색어 #홈카페 #핸드드립 #SCA

커피 사이트를 활용하자

참고하기 좋은 커피 관련 온라인 사이트 몇 군데를 추천합니다.

1. 국제 커피 협회(https://www.ico.org) - 매월 발간되는 보고서를 통해 커피 생산 및 수입 정보 등을 파악 가능.
2. 스프러지(https://sprudge.com) - 커피 문화를 소개하는 미국의 대표적인 커피 웹매거진.
3. 아이 니드 커피(https://ineedcoffee.com) - 커피 마니아에 의해 만들어진 홈페이지로, 홈 커피 로스팅에 관한 다양한 정보 공유.

Knowing Cupping Methods

커핑을 알면 커피가 한층 더 재밌어진다

커피 품질평가회에서 실시하는 커핑을 알게 되면 커피 맛의 깊은 세계를 알게 됩니다. 커핑은 자신의 커피 취향을 찾아내는 계기가 되기도 합니다.

Coffee Beans

커피콩

11g의 원두를 준비합니다. 중간 분쇄 ~ 중간 고운 분쇄가 좋습니다.

커피 맛을 확인하는 것을 '커핑'이라고 부른다는 것은 48쪽에서 소개했습니다. 커핑은 커피의 품질을 결정하는 중요한 작업입니다. 생산국에서는 커피콩을 출하하기 전에 이를 실시하는데, 소비국의 도매상, 로스터, 판매점 등 유통업자도 다양한 단계에서 커핑을 실시하며, 등급을 결정하는 데 반드시 필요한 작업입니다. 특히 스페셜티 커피가 등장한 다음부터는 전문가뿐만 아니라 일반 소비자들도 취미 삼아 커핑을 즐기면서 커피 취향을 알아내기 위한 계기로 활용되고 있습니다.

품평회에서 실시되는 커핑에는 상세 규정이 있지만, 개인적으로 즐기기 위한 목적이라면 기본만 알아두면 충분합니다. 필요한 도구와 대략적인 순서를 외워두면 커핑에 도전할 수 있습니다. 카페에서 무료로 개최하는 공개 커핑도 있으므로 참가해 보는 것도 좋습니다.

커핑을 통해 2종류 이상의 원두를 비교할 때는 원두의 양이나 뜨거운 물의 양, 온도 등은 미리 똑같이 준비해 둬야 합니다. 또한 평가나 이미지를 노트에 적어 두면 자신의 취향에 맞는 원두를 찾기 위한 힌트가 되어 줄 것입니다.

Cupping Bowl

커핑볼

흰색 컵을 권장합니다.
2종류의 원두를 비교할 때는
같은 것을 두 개 준비합니다.

Hot Water

뜨거운 물

주전자로 끓인 190~200cc의
뜨거운 물을 준비합니다.

Rinse Cup

헹굼용 컵

휘저을 때 사용한 스푼을
헹구기 위한 컵에 물을
넣어 둡니다.

Spoon

스푼

섞거나 맛을 확인할 때
사용합니다. 앞이 둥근 모양을
권장합니다.

Timer

타이머

커피를 추출할 때 사용하는데,
타이머는 4분에 맞춥니다.
스마트폰에 있는 타이머
기능으로도 가능합니다.

Scale

저울

원두의 무게를 잴 때
사용합니다. 0.1g까지 잴 수
있는 디지털 타입이 좋습니다.

How to cupping?

1. 향을 확인한다

원두를 중간 분쇄 ~ 중간 고운 분쇄로
분쇄하여 커핑볼에 넣고 원두 가루
상태에서 향을 확인합니다.
이를 '드라이'라고 합니다.

2. 뜨거운 물을 붓는다

뜨거운 물을 부어 원두 가루가 위에
떠 있는 상태를 '크러스트'라고 합니다.
이때 향을 확인합니다.

3. 다시 향을 맡는다

4분이 경과하면 스푼으로 3~4회
섞어서 향을 확인합니다.
이를 '브레이크'라고 합니다.

4. 맛을 확인한다

액면의 커피를 걷어내는 스키밍을
하고, 스푼으로 커피액을 슬러핑Slurping*
하여 맛을 확인합니다.

* 커피의 맛을 감별하기 위하여 후루룩
들이마시는 일.

Taste by Visual

시각 효과가 맛도 업그레이드시킨다

카페에서 흰색 컵을 사용하는 이유는 배전도에 따라 커피색이 미묘하게 달라지는 것을 눈으로 확인하기 위함입니다. 강배전을 하면 검은색이 되며, 약배전의 경우 밝은 적갈색을 띠게 됩니다. 이러한 색의 변화를 확실하게 알 수 있게 해주는 것이 흰색 컵입니다. 진한 색 컵의 경우 미묘한 차이를 느끼기 힘들기 때문에, 때로는 맛의 차이를 즐기는 것을 방해하기도 합니다.

한편 컬러풀한 컵을 사용하면 미각에 착각을 유발하여 또 다른 매력을 끌어내기도 합니다. 시각이라는 것은 사람의 감각에도 커다란 영향을 끼치는 것으로 알려져 있습니다. 한 실험에서는 화이트 와인에 붉은 색소를 넣어서 피험자에게 마시게 했더니 많은 사람이 이를 레드 와인이라고 느꼈다고 합니다. 색으로 미각을 유도한 것입니다. 이러한 성질을 긍정적으로 활용하면 맛의 세계를 확장할 수 있습니다.

가령 감귤계의 산미가 있는 커피를 마실 때 오렌지색 컵에 담으면 더욱 강한 산미를 느낄 수 있습니다. 미각과 시각이 하나가 되어 전달하고자 하는 매력을 극대화하는 것입니다. 어떤 카페에서는 커피의 플레이버를 일러스트로 표현해 놓기도 합니다. 미각은 감각적인 것이기 때문에 말로 표현하는 것이 어려울 때가 있습니다. 이를 시각적인 측면에서 유도하여 맛의 세계를 확대하는 역할을 한다고 생각하면 됩니다.

시각 효과를 통해 미각을 즐긴다

배전도의 차이를 확연하게 느낄 수 있다

두 개의 흰색 컵에 서로 다른 배전도의 커피를 각각 담으면 미묘한 커피 맛의 차이를 쉽게 느낄 수 있습니다. 커피 자체의 색의 차이를 느껴보고 싶을 때, 또는 처음 구매한 커피를 마실 때는 일단 흰색 컵에 담아서 마셔 보세요.

Miki's Voice

커피를 흰색 컵에 담으면 배전도에 따른 커피색의 차이뿐만 아니라, 추출에 따른 차이도 쉽게 알 수 있습니다.
금속 필터로 추출한 것은 표면에 반들반들 유분이 떠 있으며, 종이 필터로 추출한 것은 아름다운 투명감을 가지고 있습니다.

Miki's Voice

커피잔뿐만 아니라 원두 포장에도 이런 시각 효과를 활용하기도 합니다. 가령 베리 맛이 나는 커피에는 붉은 계열의 색을 사용하고, 중후한 맛이 나는 원두를 포장할 때는 갈색을 사용하는 것이죠.

산미를 더 잘 느낄 수 있다

오렌지색 커피 컵에 산미가 있는 상큼한 커피를 추출하면 미각과 시각이 상승 작용을 하여 커피의 산미를 더 잘 느끼게 되기도 합니다. 오렌지색의 농도를 바꿔 보는 것도 하나의 아이디어입니다.

무늬가 맛을 유도한다

커피 메뉴 옆에 초콜릿이나 체리, 복숭아 일러스트가 그려져 있는 경우, 이런 그림들이 커피 맛을 유도해 주기도 합니다. 무늬가 그려진 컵을 선택하면 시각적인 즐거움도 누릴 수 있습니다.

Miki's Voice

바리스타 대회에서도 이런 방법을 자주 활용합니다. 사진이나 일러스트를 보면서 마시면 그 맛을 더 쉽게 찾아낼 수 있게 됩니다. 사람에 따라 상상하는 부분이 다르기는 하지만, 구체적인 이미지는 일러스트나 사진으로 공유할 수 있습니다.

Enjoy your Decaffeinated Coffee

디카페인 커피는 무엇일까?

건강상 이유로 혹은 커피를 마시는 시간대 때문에 카페인이 없는 커피를 마시는 사람들이 늘어나고 있는데요. 요즘은 처리 방법이 많이 발전하여 맛있는 디카페인 커피도 많이 등장하고 있습니다.

카페인을 제거한 '디카페인'에 대해 이야기해 볼까요? 카페인 제거 작업은 생두 단계에서 이루어집니다. 한때는 유기 용매에 담그는 처리 방법을 사용했는데, 최근에는 물을 사용하는 스위스 워터 프로세스 추출법The Swiss Water Process과 초임계 이산화탄소와 물만 사용하는 초임계 이산화탄소 추출법 등의 방법이 개발되었습니다.

카페인이 제거된 커피콩을 배전하면 디카페인 커피가 탄생하게 됩니다. 디카페인은 향이 날아가 버려 맛이 그다지 좋지 않다는 이미지가 있었는데, 최신 처리 방법 덕분에 향과 풍미는 손상시키지 않고 카페인만 제거할 수 있어서 안심하고 맛있게 마실 수 있게 되었습니다.

1. **커피콩을 물에 담근다**

카페인 제거용 물에 생두를 넣습니다. 카페인은 평형점(균형을 이루는 곳)을 찾아서 커피콩으로부터 카페인 제거용 물로 이동합니다.

1. **압력을 가한다**

생두를 물에 담그고 압력과 열을 가한 다음 초임계* 상태로 만든 이산화탄소를 투입해서 카페인을 추출합니다.

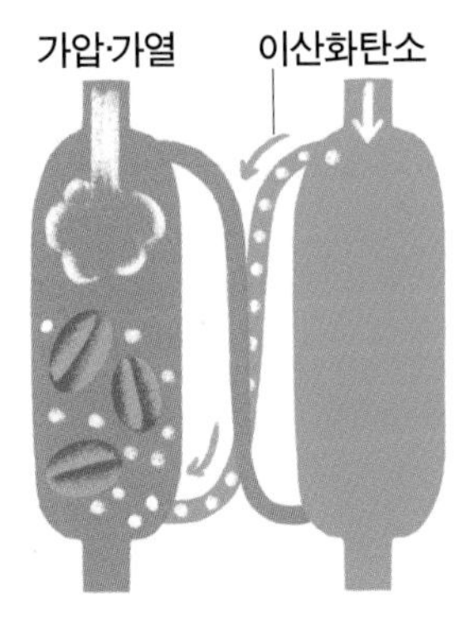

* 기체와 액체의 성질을 모두 가진 상태. 이 상태의 이산화탄소는 생두 내부에 침투하기 쉬워서 효율적으로 카페인을 추출할 수 있습니다.

스위스 워터 프로세스 추출법

2. **카페인을 제거한다**

카페인 제거용 물을 꺼내서 카본 필터로 여과시킨 뒤 카페인만 제거합니다.

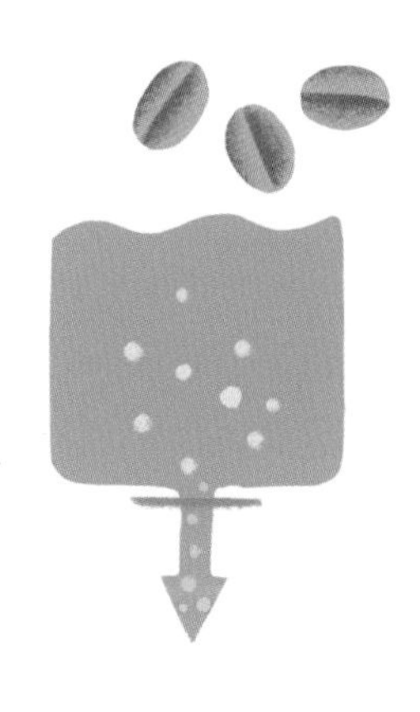

3. **커피콩을 건조시킨다**

카페인이 제거된 카페인 제거용 물을 다시 생두가 들어있는 탱크에 넣습니다. 약 8~10시간 동안 넣어 둡니다. 커피콩이 99.9% 카페인 프리가 될 때까지 이 과정을 반복합니다. 카페인이 제거된 생두를 건조시킵니다.

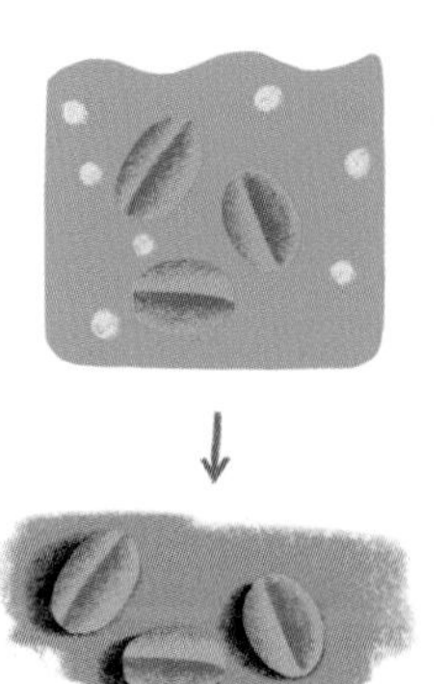

초임계 이산화탄소 추출법

2. **카페인을 회수한다**

압력을 낮춰서 이산화탄소를 기체로 돌아오게 한 다음 분리한 카페인을 회수합니다.

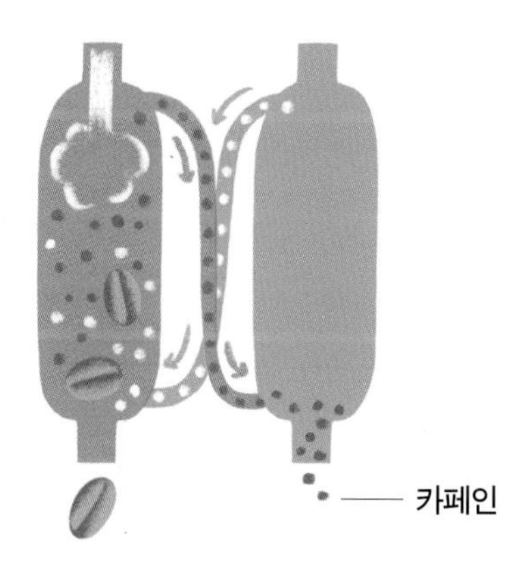

3. **커피콩을 건조시킨다**

생두를 건조시킵니다.

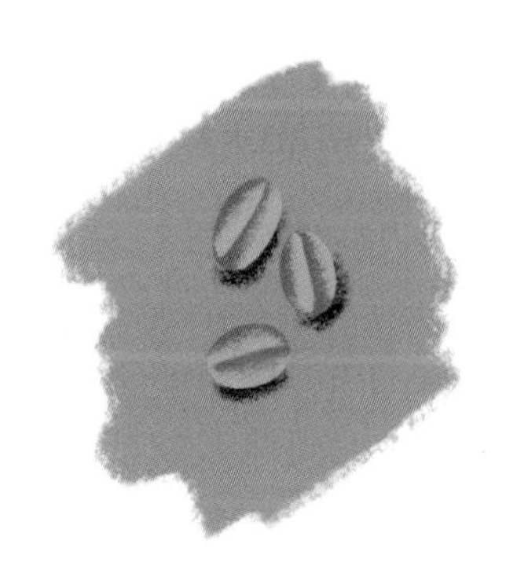

커피와 건강에 얽힌 소문을 밝히다!

최근 커피의 성분이 다양한 질병 예방에 효과가 있다는 보고가 이어지고 있습니다. 과연 어떤 성분이 우리 몸에 좋다는 것일까요?

우선 커피 성분 중에 가장 잘 알려진 것은 '카페인'입니다. 카페인은 중추 신경을 자극하여 뇌의 기능을 활성화시키는 기능과 피로감을 덜어주고 위액 분비를 촉진시키는 효과가 있는 것으로 알려져 있습니다. 일을 하거나 공부하는 도중에 커피를 한 잔 마시면 정신을 맑게 하는 데 도움이 되는 것은 이런 이유에서 근거가 있는 말입니다.

카페인 이외에 최근 주목을 받고 있는 것이 폴리페놀의 일종인 클로로겐산Chlorogenic acid(커피 속에 다량 포함되어 있는 폴리페놀 화합물의 일종이며, 커피콩 특유의 착색 원인 물질)입니다. 놀랍게도 클로로겐산은 췌장 세포의 기능을 향상시켜 2형 당뇨병 예방에 효과가 있다는 연구 보고가 나왔습니다.

클로로겐산은 이 밖에도 우리 몸속의 염증을 억제하고 산화를 예방하는 효과가 있어, 간암과 자궁내막암의 발병을 억제하는 기능을 하는 것으로 알려져 있습니다. 커피의 효능에 대한 다양한 연구 결과는 커피 애호가들에게는 더할 수 없이 기쁜 소식이지만, 지나치게 많이 마시면 카페인의 작용으로 불면증이 생기거나 위산 분비 과다로 인한 속 쓰림, 피부가 거칠어지는 일이 생길 수 있습니다.

따라서 늘 적정량을 지켜가면서 커피를 즐기는 것이 좋습니다. 보통 하루에 3~5잔 정도가 좋다고 합니다. 또한 70쪽에서 카페인이 없는 디카페인 커피를 소개하였습니다. 클로로겐산을 과다 섭취 하면 저혈당이 될 수도 있으므로 조심하는 것이 좋습니다. 디카페인이라고 너무 많이 마시지 않도록 주의해야겠지요?

Chapter 3

Things You Should Know

커피를 추출하기 전에 알아 두어야 할 것

Several Ways to Drip

커피 추출의 세 가지 원리 알아보기

커피의 성분을 뜨거운 물이나 차가운 물에 완전히 녹여 내는 것이 '추출하는' 작업입니다. 추출 방법을 알아두면 맛있는 커피를 즐길 수 있습니다.

커피를 추출하는 방식에는 크게 여과식, 침출식, 가압식의 세 가지 종류가 있습니다. 여과식은 원두 가루에 뜨거운 물을 통과시켜서 성분을 추출하는 방식입니다. 드리퍼의 종류와 원두의 양, 뜨거운 물을 붓는 방법, 추출 시간 등을 선택할 수 있기 때문에 추출하는 사람이 자유롭게 자신이 선호하는 방식으로 추출할 수 있지만, 그만큼 기술이 필요한 방식이기도 합니다. 침출식은 뜨거운 물에 원두 가루를 담가서 커피 성분을 추출하는 방식입니다. 과정이 간단해서 맛이 일정한 것이 특징입니다. 원두 가루를 완전히 담가야 하므로 4분 정도의 시간이 소요됩니다. 가압식에 비해 조금 오래 걸리죠. 가압식은 압력을 가해서 20~30초라는 짧은 시간에 커피 성분을 추출하는 방식입니다. 하지만 침출식을 사용하면 농축된 커피를 추출할 수 있습니다.

페이퍼 드립

여과식

프렌치프레스

침출식

에스프레소

가압식

드리퍼의 모양에 따라 맛이 달라진다

밸런스

깊은 맛

추출 난이도

여과식의 대표격은 페이퍼 드립입니다. 관리하기도 간단하며 가격도 합리적이어서 커피를 좋아하는 사람이라면 누구나 한 번쯤은 사용해 봤을 것입니다.

드리퍼는 크게 사다리꼴 모양과 원뿔 모양이 있으며, 대형형은 칼리타식Kalita, 멜리타식Melitta이 있으며, 원추형은 하리오식Hario, 고노식Kono이 있습니다.

드리퍼는 외형뿐만 아니라, 커피가 나오는 추출구의 수나 크기, 안쪽의 돌출 모양 등이 다르며, 이에 따라 추출되는 커피의 맛도 달라집니다. 자유롭게 추출할 수 있는 만큼 추출하는 사람의 기술이 필요한 추출 방식입니다. 드리퍼의 종류는 78쪽에서 소개하겠습니다.

풍부한 향의 커피를 간편하게 추출할 수 있다

밸런스

깊은 맛

추출 난이도

이탈리아에서 개발되어 프랑스에서 유행한 추출 방식입니다. 많은 사람에게 홍차를 추출하는 도구로 알려져 왔는데요. 스페셜티 커피가 등장하면서 커피의 맛을 그대로 즐길 수 있는 프렌치프레스로 커피를 추출하는 사람들이 늘어나고 있습니다.

추출 방식은 간단합니다. 추출 기구 안에 원두 가루를 넣고 뜨거운 물을 부은 다음, 커피 성분이 우러나면 천천히 플런저를 눌러서 내리기만 하면 됩니다. 페이퍼 드립의 경우 커피의 오일 성분이 필터에 흡착되어 추출되지 않지만, 프렌치프레스의 경우 그대로 추출되므로 풍부한 향을 즐길 수 있습니다. 추출하는 사람에 따른 맛의 차이가 적은 것도 프렌치프레스의 매력입니다.

높은 압력으로 빠르게 풍부한 향의 커피를 추출할 수 있다

밸런스

깊은 맛

추출 난이도

추출 원리는 여과식이지만 필터 안에 원두 가루를 채워 넣고, 여기에 높은 압력을 가해서 단시간에 추출하는 것이 특징입니다. 에스프레소는 극세 분쇄한 원두 가루를 사용하며, 원두 가루 20cc로 커피가 60cc 정도밖에 추출되지 않기 때문에 대단히 농축된 맛을 가지고 있는데, 고품질 원두를 적정량 사용하여 추출한 에스프레소에서는 쓴맛뿐만 아니라 단맛과 산미 등의 깊은 맛도 느껴집니다.

요즘은 다양한 가정용 에스프레소 머신이 시판되고 있습니다. 농도가 짙고 어레인지 커피를 만들기 좋아서 우유를 넣어 카페라테를 만드는 등 다양한 메뉴에 응용할 수 있습니다.

Coffee Equipments ①

입문자에게 필요한 도구 ①
침출식 & 가압식 도구

커피가 가지고 있는 맛을 온전히 추출할 수 있다는 것이 침출식의 매력입니다. 에스프레소를 좋아한다면 가압식 마키네타를 추천합니다.

프렌치프레스로 대표되는 침출식은 초보자도 쉽게 커피를 추출할 수 있는 방식인데, 이는 원두 가루에 직접 뜨거운 물을 부어 성분을 우려내는 방법입니다. 분량만 잘 지키면 누구나 맛있는 커피를 추출할 수 있습니다. 종이 필터를 쓰지 않기 때문에, 종이 필터가 흡착해버리는 커피 오일도 그대로 추출되어 향도 풍부하게 유지하고 있습니다. 하지만 너무 오래 담가 두면 쓴맛이 우러나올 수 있습니다. 추출 시간을 제대로 지키면 맛있는 커피를 추출할 수 있습니다.

가압식의 대표적인 예는 높은 압력을 가한 물로 재빠르게 추출하는 에스프레소 머신입니다. 추출력이 강하기 때문에 쓴맛과 농후함이 두드러지지만 고품질의 원두를 사용하여 올바른 방법으로 추출한 커피는 단맛과 산미를 모두 가지고 있습니다. 에스프레소 머신 없이 에스프레소를 간단하게 즐길 수 있는 마키네타는 모카포트, 모카 익스프레스라고도 불립니다. 마키네타로 추출한 커피는 이탈리아 가정에서 맛볼 수 있는 커피 맛이며, 직화로 약 2기압의 압력을 가해서 추출하면 본격적인 커피 맛을 즐길 수 있습니다. 에어로프레스는 침출식과 가압식의 두 가지 요소를 모두 가진 하이브리드 기구로, 레시피에 따라 다양한 맛을 만들 수 있습니다.

Miki's Voice

프렌치프레스나 마키네타는 사이즈별로 구할 수 있습니다. 큰 것을 사면 작은 양의 커피도 추출할 수 있지만, 안정된 맛의 커피를 추출하려면 항상 추출하려는 잔 수에 맞는 사이즈를 구매할 것을 권장합니다.

침출식	가압식

1. Siphon

사이폰

아래쪽 플라스크 안의 끓은 물이 튜브를 통해 위쪽에 있는 로트로 역상승하여 그 안에 들어있던 원두 가루와 접촉하게 됩니다. 아래쪽 플라스크 밑에 있던 열원을 제거하면 압력차로 인해 추출이 시작됩니다. 고온으로 단시간에 추출하기 때문에 풍부한 플레이버를 즐길 수 있습니다.

2. French Press

프렌치프레스

뜨거운 물을 넣는 포트 부분과 금속 필터가 붙어있는 플런저로 구성되어 있는 추출기입니다. 0.35ℓ나 1ℓ 모두 양에 상관없이 4분이면 추출할 수 있습니다. 추출하는 사람에 따른 맛의 차이가 적다는 것이 프렌치프레스의 매력입니다.

3. Aeropress

에어로프레스

원두 가루와 뜨거운 물을 넣고 주사기처럼 압력을 가해 추출하는 방식입니다. 에어로프레스는 침출식과 가압식의 하이브리드라고 할 수 있습니다. 기구를 거꾸로 놓고 추출하는 '인버트 방식'도 있습니다.

4. Macchinetta

마키네타

끓인 물이 증기의 힘으로 역상승하여 원두 가루를 통과한 액체가 관을 상승시켜 상부의 구멍에서 서버 안으로 커피가 떨어지는 원리입니다. 에스프레소만큼은 아니지만, 농축된 맛을 즐길 수 있습니다.

5. Espresso Machine

에스프레소 머신

필터에 원두 가루를 채워 넣고 압력을 가한 뜨거운 물을 통과시켜 농후한 커피를 빠르게 1~2잔만 추출하는 방식입니다. 제대로 추출하면 '크레마'라고 불리는 거품층이 생깁니다.

Coffee Equipments ❷

입문자에게 필요한 도구 ❷ 드리퍼

집에서 커피를 추출하는 데 필요한 도구들을 준비해 볼까요? 많은 사람에게 페이퍼 드립이 가장 익숙하겠지만, 사실 드리퍼에도 여러 종류가 있습니다.

여과식 페이퍼 드립은 관리가 간편한데다 가격도 합리적입니다. 전문가가 아니더라도 친숙한 아이템이기 때문에 입문자들도 시도해볼 만합니다. 드리퍼는 여러 회사에서 다양한 제품이 시판되고 있는데, 비슷해 보이지만 모양이 미묘하게 다르고 물 빠짐의 속도나 드리퍼에서 서버로 추출되는 방식이 달라서 결과적으로 커피의 맛에도 이로 인한 특징이 나타납니다.

드리퍼에 뜨거운 물이 머무는 시간이 길면 깊이 있는 맛이 나오며, 짧으면 가벼운 맛의 커피가 추출됩니다. 드리퍼의 모양이 각각 다른 이유를 알고 난 다음 선택하면 자신의 취향에 맞는 커피를 추출하는 데 많은 도움이 됩니다.

원추형

칼리타 웨이브

바닥 면이 평평하고 3개의 추출구가 삼각형으로 나란히 있으며, 측면이 웨이브 모양으로 된 전용 필터를 사용합니다. 바닥 면이 평평하기 때문에 뜨거운 물과 원두 가루가 충분히 접촉하여 밸런스가 좋은 맛의 커피를 추출할 수 있습니다.

케멕스

서버 일체형인 스타일리시한 드리퍼. 리브Rib*가 없기 때문에 물 빠짐이 느립니다. 전용 필터의 접는 방식에 변화를 주거나 금속으로 된 원추형 필터와 함께 사용하는 등, 자신의 취향에 맞게 조정할 수 있습니다.

* 드리퍼 측면에 있으며 그 모양이 마치 갈비뼈와 같다고 하여 붙은 이름.

하리오 V60 드리퍼

나선형의 긴 리브와 바닥 면에 큰 추출구가 한 개 있는 것이 특징입니다. 뜨거운 물을 빨리 부으면 투명감이 있는 맛의 커피가 되며, 천천히 부으면 깊이가 있는 커피를 추출할 수 있습니다. 추출할 때 그만큼 자유롭게 조절할 수 있는 드리퍼입니다.

대형형

고노

리브가 드리퍼의 중하부에만 직선 모양으로 있어서 하리오식보다 물 빠짐이 느리며, 그만큼 바디감이 있는 커피가 추출됩니다.

멜리타 드리퍼

바닥 면에 작은 추출구가 한 개 있으며 세로로 리브가 있습니다. 물 빠짐 속도가 느립니다. 물의 흐름과 속도를 자연스럽게 조절할 수 있어 일정한 맛의 커피를 추출할 수 있습니다. 물과 원두 가루가 장시간 접촉하기 때문에 묵직한 맛의 커피가 추출됩니다.

오리가미 드리퍼

20개의 접이부가 드리퍼와 페이퍼 사이에 공간을 만들어 추출구 하나로도 물 빠짐을 원활하게 만들어 줍니다. 페이퍼 필터는 원추형, 웨이브형 모두 사용할 수 있으며, 추출 시 자유롭게 조절이 가능한 드리퍼입니다.

칼리타 드리퍼

사다리꼴 모양이며 바닥 면에 추출구 세 개가 일렬로 나란히 있습니다. 물이 천천히 통과하기 때문에 묵직한 맛을 가진 커피가 추출됩니다.

Miki's Voice

드리퍼는 제품에 따라 다른 콘셉트를 가지고 있습니다. 칼리타식 웨이브 드리퍼는 물을 붓는 속도나 양에 그다지 영향을 받지 않아 일정한 맛의 커피를 추출할 수 있습니다. 하리오 V60 드리퍼는 추출하는 사람에 따라 맛이 많이 달라지는 등 제품마다 모두 다른 특징을 가지고 있습니다. 매번 안정된 맛을 추출하고 싶은지, 개성 있는 커피를 추출하고 싶은지 정해서 목적에 맞게 선택하면 됩니다.

Filter and Server

맛있게 추출하기 위한 도구 ❶ 필터, 서버

어떤 드리퍼를 사용할지 정했다면 그다음에는 종이 필터를 끼우면 됩니다. 종이 필터에도 다양한 모양이 있는데, 각각의 드리퍼에 맞는 전용 필터를 사용할 것을 권장합니다.

드리퍼의 모양은 크게 대형형과 원추형이 있습니다. 저는 드리퍼 제조 회사가 만든 표백 펄프로 만든 필터를 권장합니다. 종이 두께나 가공 방법도 드리퍼의 추출 원리에 맞춰 제조되기 때문에, 각각 필터가 모양은 비슷해도 미묘한 차이가 있습니다. 필터는 드리퍼와 함께 구매하면 편리합니다.

한 번에 여러 잔을 추출할 때는 추출한 커피를 담는 서버를 준비해두면 좋습니다. 눈금이 있는 유리 서버는 추출량을 파악할 수 있어서 편리합니다.

필터의 종류

원추형

펼치면 원뿔 모양이 되기 때문에 측면의 씰Seal 부분을 접은 다음에 드리퍼에 끼워서 사용합니다. 원추형에는 고노식과 하리오식이 있습니다.

서버 선택하는 법

웨이브형

측면에 물결 모양의 리브가 있는 타입입니다. 물을 부었을 때 필터가 드리퍼에 밀착되지 않아 맛이 일정한 커피가 추출됩니다.

대형형

펼치면 바닥 부분이 직선이 됩니다. 바닥과 측면에 있는 씰 부분을 서로 반대 방향으로 접은 다음 드리퍼에 끼워서 사용합니다.

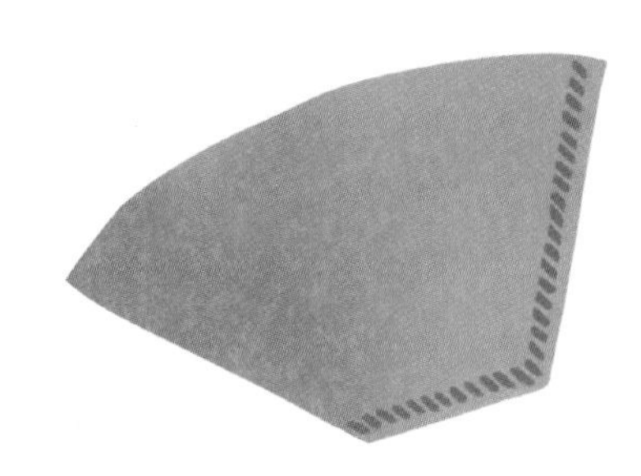

1. 모양

드리퍼는 제조 회사에 따라 사이즈가 다르기 때문에 드리퍼와 서버는 같은 회사의 제품을 사용하면 사용하기 편리합니다. 대부분의 정품은 유리 제품으로 되어 있습니다. 사이즈는 드리퍼에 맞춰서 고르면 됩니다.

2. 크기

추출하고자 하는 커피의 양에 맞춰서 선택합니다. 큰 서버로 소량을 추출하면 보온이 잘되지 않고 풍미도 쉽게 손상됩니다. 1인분만 추출하는 경우에는 서버 없이 머그컵에 그대로 드리퍼를 얹어서 추출해도 상관없습니다.

종이 필터 보관 방법

종이 필터는 종이 섬유로 만들어져 있기 때문에 냄새를 쉽게 빨아들입니다. 음식 근처에 보관하면 음식 냄새가 배기 때문에, 커피를 추출했을 때 이상한 냄새가 날 수 있습니다. 외부 공기에 노출되지 않도록 밀폐 가능한 통에 보관하도록 합니다.

Drip Kettle and Scale

맛있게 추출하기 위한 도구 ❷ 드립케틀, 스케일

드립으로 추출할 때 가지고 있으면 좋은 아이템이 드립케틀과 스케일입니다. 특히 물의 양을 조절할 수 있는 드립케틀이 있으면 추출할 때 편리합니다.

드립케틀 선택하는 법

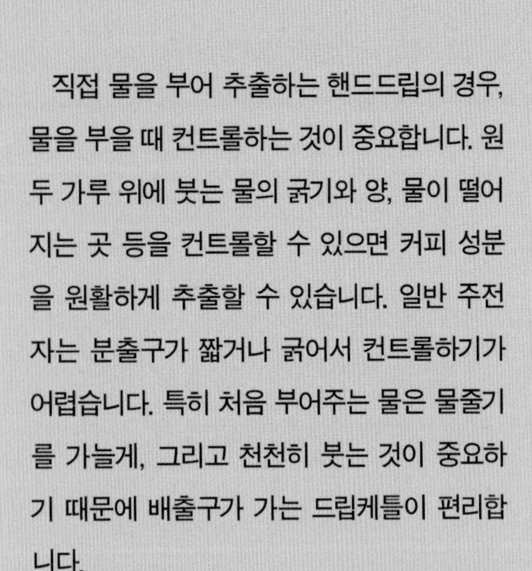

직접 물을 부어 추출하는 핸드드립의 경우, 물을 부을 때 컨트롤하는 것이 중요합니다. 원두 가루 위에 붓는 물의 굵기와 양, 물이 떨어지는 곳 등을 컨트롤할 수 있으면 커피 성분을 원활하게 추출할 수 있습니다. 일반 주전자는 분출구가 짧거나 굵어서 컨트롤하기가 어렵습니다. 특히 처음 부어주는 물은 물줄기를 가늘게, 그리고 천천히 붓는 것이 중요하기 때문에 배출구가 가는 드립케틀이 편리합니다.

맛있는 커피를 추출하려면 커피콩과 원두 가루의 무게, 물의 양, 시간을 정확하게 계량해야 합니다. 이때 시간과 무게를 모두 잴 수 있는 커피용 스케일이 있으면 편리합니다.

스케일과 타이머 선택하는 법

스케일

커피를 핸드드립으로 추출할 때, 0.1g 단위까지 계량 가능하고 시간도 알 수 있는 스케일에 올려서 정확한 무게를 추출하면 안정된 맛의 커피를 추출할 수 있습니다.

1. 재질

녹슬지 않는 스테인리스 재질의 제품, 물이 잘 식지 않는 법랑 재질, 열전도율이 높고 물이 빨리 따뜻해지는 동 재질 등 소재에 따라 특징이 다르므로 사용하기 편리한 제품을 선택하면 됩니다.

2. 기능성

각 개인의 사정에 맞게 직화용인지 IH전용인지를 확실하게 체크한 다음에 구입하도록 합니다. 전기 주전자의 경우 설정한 온도로 보온이 가능한 제품도 있으므로 사용하기에 편리합니다.

3. 크기

커피 내리는 양에 맞게 크기를 선택합니다. 물이 들어갔을 때 주전자가 무거워지기 때문에 무리하지 않고 들 수 있는 크기를 선택하는 것이 좋습니다. 작은 크기의 드립케틀은 물이 금방 끓고 수납에도 편리합니다.

이런 제품 어때요?

드립케틀 에어

눈금이 있는 투명한 플라스틱 재질의 드립케틀 에어를 추천합니다. 끓인 물만 넣으면 추출 준비 끝! 나머지는 케틀의 눈금을 보면서 커피를 추출하기만 하면 됩니다. 가벼워서 여성들이 사용하기에 아주 좋습니다.

스케일 + 타이머

부엌에서 사용하는 계량 저울과 타이머를 사용하여 계량하고, 시간을 재서 추출해도 물론 괜찮습니다. 시간은 스마트폰의 타이머 기능을 이용해도 됩니다. 계량 저울은 서버를 올릴 수 있을 정도의 크기를 사용하는 것이 좋습니다.

Miki's Voice

드립케틀이 없을 때는 내열 기능이 있는 계량컵과 도자기로 된 찻주전자로 물을 부어도 상관없습니다. 여행지에서는 종이컵 입구를 접어서 드립하는 물의 양과 굵기를 컨트롤하면 안정된 맛을 가진 커피를 추출할 수 있습니다.

Best Ways to Scale

알아 두면 도움이 되는 커피 계량법

커피의 분량을 정확하게 계량하는 것은 맛에도 차이를 가져옵니다. 정확한 계량을 위해서는 커피 스푼보다 스케일을 사용하는 것이 좋습니다.

커피를 정확하게 계량하는 법

1. **도구를 준비한다**
계량 저울 위에 서버, 드리퍼, 필터를 올립니다.

4장에서부터는 드디어 커피를 추출하는 방법을 실제로 소개하는데, 이 책에서는 '원두 가루 12g'과 같이 커피의 분량을 그램으로 소개합니다. 이때 커피는 커피 스푼이 아니라 스케일로 계량하는 것이 중요합니다.

커피는 커피콩 입자 한 개당 무게가 배전도에 따라서 달라집니다. 배전도가 강해질수록 원두가 함유하는 수분의 양은 줄어듭니다. 따라서 스푼으로 같은 양을 퍼도 약배전한 원두와 강배전한 원두의 무게에는 변화가 생기게 되는 것입니다. 커피 스푼에는 10g이라고 쓰여 있지만 실제 무게는 9g밖에 되지 않는 일이 생기기도 하는 것이죠. 이렇게 되면 레시피대로 커피를 추출할 수 없게 됩니다.

원두 가루는 82쪽에서 소개한 커피용 스케일이나 부엌에서 사용하는 계량 저울 등을 사용하여 정확하게 계량해야 미세한 맛을 구현할 수 있습니다.

원두, 원두 가루, 물, 시간을 정확하게 재는 것이 맛있는 커피를 추출하기 위한 핵심입니다. 커피용 스케일은 무게와 시간을 동시에 잴 수 있으므로 가지고 있으면 편리합니다.

2. 숫자를 0으로 맞춘다

계량 저울의 전원을 켜고, 숫자를 0으로 맞춥니다.

3. 원두 가루를 계량한다

필터에 원두 가루를 넣고 계량합니다. 숫자를 보면서 정확한 양을 넣습니다.

Miki's Voice

여러분은 커피 계량을 어떻게 하고 계시나요? 원두에 딸려 온 계량스푼을 사용하시는 분도 많을 것이라 생각됩니다. 그러나 계량스푼은 메이커에 따라 용량이 다를 수 있기 때문에 정확한 계량을 위해서는 스케일을 사용하는 게 좋습니다. 계량이 정확하지 않으면 커피의 맛은 변할 수 있습니다.

4. 커피를 추출한다

계량 저울이 있으면 드리퍼에 부을 물의 양을 컨트롤하는 데도 편리합니다. 저울로 몇 그램의 물을 부을지 계량하면 안정된 커피 맛을 얻을 수 있습니다.

※ 물 1mℓ=1g

Goods to Step Up

한 단계 업그레이드된 커피 맛을 위해 필요한 도구

지금까지 소개한 도구들만 사용해도 충분히 맛있는 커피를 추출할 수 있지만, 한 단계 업그레이드를 원하는 분들을 위해 다음의 도구들을 추가로 소개합니다.

커피 그라인더

코니칼식

원추형 칼날을 사용하는 그라인더로, 원두를 갈아 으깨서 분쇄합니다. 코니칼식은 수동과 전동의 두 가지 타입이 있으며 제품마다 가루의 정밀도에 차이가 많이 납니다.

Miki's Voice

티타늄 재질로 만들어져 있으며 분쇄 후 원두 가루의 크기가 일정한 고급 핸드 그라인더도 있습니다.

커피를 추출하기 위한 도구들을 대략 준비했지만, 막상 추출해보니 마음에 쏙 드는 맛이 나오지 않을 때가 있습니다. 그럴 때 장만하면 좋은 도구 중에 하나가 커피 그라인더입니다. 커피콩은 원두 가루로 분쇄하면 표면적이 늘어나기 때문에 향이 쉽게 날아가며, 산화와 열화가 진행됩니다. 원두 상태에서 구매하여 추출하기 직전에 집에서 분쇄하면 커피의 맛은 비약적으로 좋아집니다.

커피 그라인더는 칼날의 종류에 따라 세 가지로 나뉩니다. 제가 권장하고 싶은 것은 '코니칼식'과 전동 타입이 많은 '플랫식'입니다. 두 가지 모두 분쇄도를 일정하게 할 수 있다는 것이 특징입니다. '프로펠러식'인 전동 밀은 소형에 가격도 합리적이지만, 입자의 크기를 분쇄하는 시간의 길이로 조정해야 하기 때문에 사이즈가 균일하지 않다는 단점이 있습니다. 분쇄한 커피는 아무래도 커피 미분이 생길 수밖에 없습니다. 뛰어난 맛을 고집한다면 커피용 체로 미분 가루를 걸러내면 깔끔한 커피를 완성할 수 있습니다.

또한 일정한 맛을 유지하고 싶다면 추출 중의 물 온도를 컨트롤하는 것도 중요합니다. 물이 끓자마자 고온의 물로 추출하면 깊이 있는 맛의 커피가 추출되며, 80도 전후의 물로 추출하면 부드러워 목 넘김이 좋은 커피를 만들 수 있습니다. 추출할 때 사용하는 물 온도에 따라 맛은 달라집니다.

플랫식

칼날이 두 개이며, 한쪽을 고정시키고 다른 한쪽을 회전시켜 원두를 분쇄하는 밀입니다. 비교적 원두 가루의 입자는 일정합니다.

프로펠러식

프로펠러 모양의 칼날이 회전하면서 원두를 분쇄합니다. 원두 가루의 크기가 일정하지 않고 대량의 커피 미분이 나오기 때문에 권장하지 않습니다.

온도계

아날로그, 디지털

아날로그 타입과 디지털 타입이 있으며, 사용하기 편리한 것을 선택하면 됩니다. 주전자에 온도계를 부착할 수 있는 것도 있습니다.

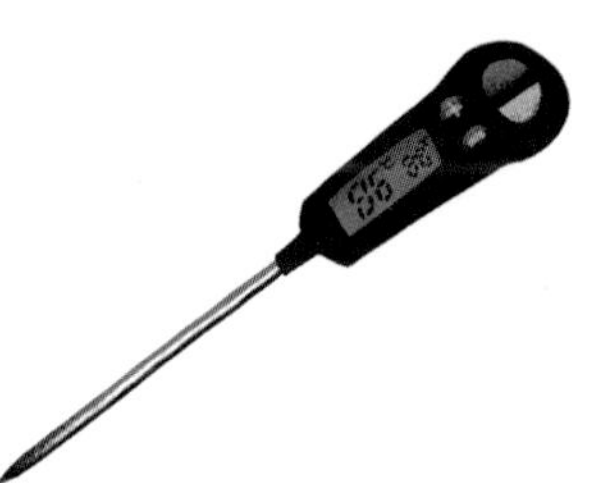

Miki's Voice

원두 가루를 사이즈별로 구분할 수 있는 제품도 인기가 있습니다.

체

커피용 체

분쇄한 원두 가루에 섞여 있는 커피 미분 가루를 제거합니다. 원두 가루를 넣어서 위아래로 1분 정도 탁탁 흔들어서 체를 치면 상당한 양의 커피 미분 가루를 제거할 수 있어 커피 맛도 깔끔해집니다.

Optimum Cup for You

나를 위한 최고의 커피잔 선택하기

커피를 한층 더 맛있게 만들어주는 것이 바로 커피잔입니다. 커피잔은 마시는 커피에 맞게 선택하는 것이 좋습니다.

세상에는 정말로 다양한 디자인의 커피잔이 있습니다. 일반적인 커피잔은 홍차용 찻잔에 비해 가장자리가 좁고, 바닥이 깊습니다. 이는 시간이 지나도 커피가 잘 식지 않게 하기 위한 것입니다. 일반적인 커피잔의 사이즈는 120~140cc의 커피를 넣을 수 있는 크기입니다.

소량으로 농후한 맛을 내는 에스프레소에는 90cc 정도의 잔을 사용합니다. 에스프레소 잔은 전통적으로 두툼하며 컵의 가장자리가 좁습니다. 최근에는 와인글라스처럼 커피잔이나 데미타스 잔도 커피의 맛을 더욱 온전하게 즐기기 위해 디자인적인 제품들이 많이 나오고 있습니다. 카푸치노 잔은 폼밀크를 넣거나 라테아트를 위해 가장자리가 넓은 컵을 사용합니다. 이와 같은 컵의 특성들을 염두에 두고 각각의 커피에 맞는 컵을 선택하면 더욱 맛있게 커피를 즐길 수 있습니다.

커피잔 고려 사항

입에 닿는 부분의 두께

입에 닿는 부분이 얇으면 목 넘김이 부드러워지므로 향과 플레이버를 더 잘 느낄 수 있습니다. 이 부분이 얇은 컵은 약배전 커피와 잘 어울립니다. 입에 닿는 부분이 두꺼우면 바디감과 깊은 맛을 느끼기에 좋으며 보온 효과도 높습니다. 이런 컵은 강배전 커피와 잘 어울립니다.

컵 모양

커피의 향을 즐기고 싶다면 가장자리가 좁고 전체가 둥근 모양의 잔이 좋습니다. 이런 모양의 컵은 커피의 향을 더 살려줍니다. 가장자리가 넓은 잔은 밝은 산미와 플레이버, 부드러운 질감을 잘 느끼게 도와줍니다.

종류

1. Mug

머그컵

소서Saucer(커피잔의 받침)는 없으며 세로로 긴 원통형의 컵입니다. 200~350cc가 들어가기 때문에 레귤러 커피, 카페오레, 아메리칸 커피 등 다양한 커피를 담는 용도로 사용됩니다.

2. Coffee Cup

커피잔

손잡이가 달린 컵으로 소서와 세트이며 용량은 150~200cc입니다. 입에 닿는 부분이 얇은 것은 산미가 있는 커피, 두꺼운 것은 깊은 맛이 있는 커피와 잘 어울리므로 맛에 따라 구분해서 사용하면 좋습니다.

3. Espresso Cup

에스프레소 잔

에스프레소 1샷이 들어가는 60~90cc 용량의 작은 컵입니다. 에스프레소가 소량을 담는다는 점을 감안하여 식지 않도록 대부분의 잔이 두툼합니다.

4. Cafe Au Lai Bowl

카페오레 볼

공기Bowl와 같은 모양이며 손잡이가 없습니다. 프랑스에서는 빵을 카페오레에 적셔서 먹었기 때문에 카페오레 볼은 가장자리가 넓다고 합니다. 용량은 200~250cc입니다.

5. Cappucino Cup

카푸치노 잔

에스프레소에 우유를 부어 마시는 카푸치노를 마실 때 사용합니다. 모양이 두툼한 것은 보온성을 높이기 위한 것입니다. 라테아트를 할 수 있도록 가장자리가 넓은 것을 사용하기도 합니다. 용량은 160~350cc입니다.

6. Demitasse Cup

데미타스 잔

Demi는 반, Tasse는 컵이라는 뜻이 있으며, 용량은 90cc로 일반적인 커피잔의 약 반 정도 크기입니다. 식후에 마시는 진한 커피나 에스프레소를 마실 때 사용합니다.

Beans and Storage Method

맛을 보존하기 위한 원두 보관 방법

커피는 신선도가 생명입니다. 적절한 보관 방법과 보관 장소를 숙지해서 네 가지의 적으로부터 보호하기만 하면 소중한 커피의 맛을 지킬 수 있습니다.

커피의 적

산소

커피는 공기와 접촉하면 주변의 냄새와 산소가 결합하여 산화가 시작됩니다. 산화된 커피는 기분 나쁜 신맛과 쓴맛을 만듭니다.

커피콩은 대단히 섬세한 식품입니다. 보관 상태가 좋지 않으면 풍미는 점점 떨어지므로, 신선 식품을 관리한다는 마음가짐으로 정성껏 관리하여 최대한 신선도를 유지하도록 합니다.

커피는 배전을 하기 전의 생두 상태에서 직사광선과 습도를 피하고 통풍이 잘 되는 장소에 보관하면 3년 정도 보관이 가능합니다. 하지만 일단 배전을 하면 그때부터 산화가 시작되어 향도 쉽게 날아갑니다.

커피의 적은 크게 산소, 빛, 열, 습기 등 네 가지입니다. 이 네 가지에 노출되면 산화가 가속화되어 풍미가 떨어지거나 아로마가 빠져 버립니다. 열화된 커피는 아무리 드립을 잘해도 풍부한 맛을 내기가 어렵습니다. 원두를 분쇄한 가루 상태가 되면 열화는 더욱 빨리 진행됩니다.

원두나 원두 가루를 구매한 다음에는 밀폐 가능한 용기에 넣어 습도 변화가 적은 냉암소(열과 빛을 동시에 차단할 수 있는 장소)에 보관하도록 합니다. 이상적인 용기는 지퍼가 달려 있고 공기를 뺄 수 있는 아로마 밸브가 부착된 차광성이 높은 봉지입니다. 커피 전문점의 경우 대부분 이런 봉지에 넣어 주므로 그대로 보관하면 됩니다. 유리로 된 캐니스터는 모양은 멋지지만 원두를 보관하기에는 적합하지 않습니다.

빛

커피는 빛에 노출되면 풍미와 향이 떨어지므로 직사광선이 닿는 곳에는 커피를 보관하지 않도록 합니다. 태양광뿐만 아니라 형광등에도 노출되지 않도록 해야 합니다.

열 & 습기

습도가 높아지면 커피의 휘발성 향과 아로마가 빠져나가기 때문에 산화가 촉진됩니다. 습기도 커피의 열화를 유발하는 원인이 되므로, 특히 여름에는 주의하도록 합니다.

지퍼 & 아로마 밸브가가 부착된 차광성이 높은 봉지가 가장 적합

지퍼백

산소로부터 커피를 지킬 수 있는 것이 바로 밀페 가능한 봉지로, 지퍼 기능이 달린 백이 가장 좋습니다. 필요한 분량만큼만 꺼낸 다음 공기를 빼주고 다시 밀봉하면 됩니다.

아로마 밸브

커피는 배전 후, 조금씩 이산화탄소를 방출하기 때문에 가스를 빼주는 아로마 밸브가 붙어 있는 봉지를 사용할 것을 권장합니다. 배전을 갓 마친 상태에서 아로마 밸브가 없는 봉지에 보관하면 파열될 가능성도 있습니다.

Best Storage Place

커피가 가장 맛있는 때와 보관 장소의 적절한 관계

커피를 보관에 적합한 봉지에 넣었더라도 보관 장소에 따라 커피가 빨리 열화되기도 합니다. 커피가 가장 맛있는 때가 언제인지를 체크하면서 적절한 장소에서 보관하도록 합니다.

보관 기간 기준

	원두	원두 가루
냉동실	3개월	3주
냉장실	1개월	10일

Miki's Voice

원두가 오래되면 원두 표면에 유분기가 올라오기도 합니다. 원두를 보관할 때는 육안으로 보았을 때 나타나는 원두 상태의 변화도 열화의 기준에 포함시키도록 합니다.

사실 커피도 가장 맛있는 때가 있습니다. 커피가 가장 맛있는 때는 커피콩을 배전하고 나서 1~2주 되었을 때입니다. 갓 배전한 커피가 가장 맛있을 거라고 생각하기 쉬운데, 사실은 그렇지 않습니다. 갓 배전한 커피는 탄산 가스가 대량으로 발생하여 커피 성분의 추출을 저해하기 때문입니다.

일반적으로 배전하고 나서 3~5일 정도 안정시키는 에이징Aging을 거쳐 2주 후 정도가 가장 맛있는 때입니다. 따라서 배전한 원두를 구매해서 2주 전후 정도는 온도의 변화가 적은 냉암소에 보관하면 좋습니다.

2주일 이상 보관하면 열화가 시작되므로 상온에 보관하는 것은 좋지 않습니다. 그럴 때는 냉동실에서 보관할 것을 권장합니다. 냉동실에 보관하면 향이 빠지는 것과 이산화탄소의 방출을 억제할 수 있어서 열화 속도를 늦출 수 있습니다.

냉동실에 보관하는 것이 어려운 경우에는 냉장실에 보관해도 되지만, 냉장고 안에 있는 여러 가지 음식 냄새를 빨아들일 수 있으므로 냉동실에 넣었을 때보다는 빨리 사용하는 것이 좋습니다. 원두는 분쇄할 때 생기는 마찰열로 인해 실온으로 돌아오므로 냉동실에 넣어 두었던 원두는 해동시키지 않고 바로 분쇄합니다. 원두 가루도 마찬가지로 해동시키지 않고 바로 사용하면 됩니다.

원두의 종류와 계절에 따라서 신선도는 달라집니다. 커피의 향과 풍미를 유지하기 위해서는 올바른 보관이 대단히 중요합니다.

보관 방법

1. **갓 배전한 원두를 사 왔다면 냉암소에 보관**

가장 맛있을 때는 배전하고 나서 1~2주 사이입니다. 2주일까지는 햇빛이 비치지 않는 냉암소에 보관합니다. 온도가 높은 곳에는 보관하지 않도록 합니다. 지퍼로 밀봉이 가능한 전용 봉지라면 그대로 보관해도 상관없습니다.

2. **배전하고 나서 2주를 넘기는 경우에는 냉동실에 보관**

1~2주 사이에 모두 사용하기 힘든 경우에는 밀폐 용기에 넣어서 냉동실에 보관합니다. 냉동실에 넣어 두면 열화 속도를 늦출 수 있습니다. 사용할 때는 해동하지 않고 냉동 상태에서 분쇄해도 괜찮습니다.

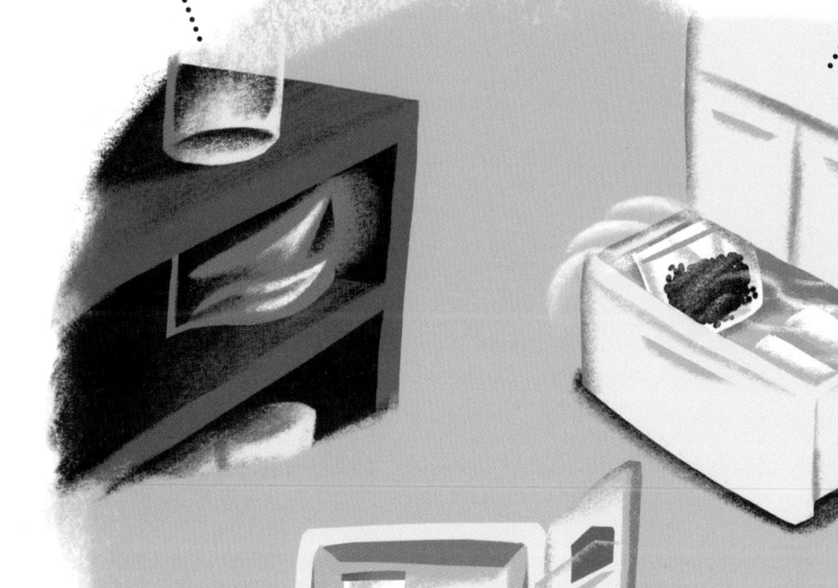

3. **냉장실에 넣어둔 원두는 최대한 빨리 사용**

냉동실에 자리가 없어서 원두를 넣을 자리가 없는 경우에는 냉장실에 넣어도 됩니다. 가능한 한 온도 변화가 적은 안쪽에 보관하여 결로를 방지하고 최대한 빨리 소비하도록 합니다. 냉장실에서 장기 보관하는 것은 권장하지 않습니다.

Miki's Voice

냉동 보관해 둔 원두를 사용할 때는 사용할 분량의 원두만 꺼내고 신속하게 용기를 밀폐하여 냉동실에 다시 집어넣습니다. 이는 원두가 냉동과 해동을 반복하는 것을 방지하고 열화를 늦추기 위함입니다.

진화하는 커피메이커

커피 세계에서도 IT화는 진행되고 있어 놀라울 정도로 기술의 진보가 이루어지고 있습니다. 이런 흐름에 맞춰 매년 새로운 추출 기구가 발매되고 있는데요. 화제를 모으고 있는 제품 몇 가지를 소개해 볼까 합니다.

첫 번째는 2019년에 굿 디자인 상 베스트 100을 수상한 'GINA 스마트 커피메이커'입니다. 외양은 일반 드립식 커피 기구와 비슷하지만, 받침대에 내장된 스케일이 스마트폰, 태블릿의 앱과 연동하여 원두 가루, 물의 양을 계량하고 추출 시간을 정확하게 지시해 주는 훌륭한 제품입니다.

추출한 기록은 앱에 저장 가능하기 때문에 맛을 간단하게 재현할 수 있다는 점도 매력 포인트입니다. 이 기구 하나면 여과식, 침출식, 콜드브루Cold Brew의 세 가지가 모두 가능하기 때문에, 폭넓은 맛을 구현할 수 있습니다.

두 번째는 'iDrip'이라는 커피메이커입니다. iDrip은 자동으로 커피가 추출되는 기계입니다. 다른 기계와의 큰 차이는 전용 커피백에 있는 바코드를 커피메이커 본체가 인식하면 전 세계의 바리스타가 감수한 추출 메뉴를 크라우드 상에서 불러와 그 자리에서 해당 커피의 맛을 재현해 준다는 점입니다. 기계이면서도 핸드드립에 뒤지지 않는 깊은 맛을 즐길 수 있는 것이죠. 이 밖에 'V60 오토 퓨어 스마트Q사만사'는 블루투스와도 연동이 가능합니다. 스마트폰 앱으로 레시피를 만들거나 유명 바리스타의 레시피를 다운로드하여 집에서 재현할 수 있습니다.

Chapter 4

Make Delicious Coffee

맛있는 커피 추출하기

Easy Paper Drip

페이퍼 드리퍼

간편하면서 깔끔한 맛의 커피를 추출할 수 있어 가장 인기가 많은 추출 방법입니다. 드리퍼 타입에 따라 추출 방법과 맛도 달라집니다.

페이퍼 드립은 간편하고 관리가 쉽기 때문에 커피를 추출하는 사람이라면 누구나 한 번은 경험해 보았을 방법입니다. 커피를 추출한다고 하면 보통 이 방법을 떠올리는 사람이 많을 것입니다.

페이퍼 드립의 맛을 결정하는 것은 드리퍼의 모양, 원두 가루의 정밀도, 물을 붓는 방식과 온도입니다. 이 세 가지의 조합으로 폭넓은 맛의 커피를 추출할 수 있습니다.

첫째로, 드리퍼의 모양은 대형형과 원추형이 대표적입니다. 제조 회사에 따라 추출구의 개수와 위치, 리브라고 불리는 홈의 길이가 달라 물이 빠지는 방식이 달라집니다. 물론 커피를 추출할 때의 추출 방법과 추출 시간도 달라집니다.

둘째로, 정밀도에 대해 살펴보겠습니다. 원두 가루의 정밀도가 달라지면 맛도 완전히 달라집니다. 처음에는 중간 분쇄에서 시작해서 서서히 자신의 취향에 맞는 맛으로 조금씩 조정해 가면 됩니다.

마지막으로 드립은 물의 온도, 물을 붓는 횟수, 물은 붓는 속도에 따라서도 맛이 크게 달라집니다. 물을 붓는 횟수가 늘어나면 깊은 맛이 잘 추출되며, 횟수가 적으면 깔끔한 맛이 추출됩니다. 드리퍼의 모양에 맞춰 물을 붓는 횟수를 조정하면서 내 취향에 맞는 맛을 찾아 보도록 합니다.

페이퍼 드립으로 맛있게 추출하는 Tip

1. 필터에 뜨거운 물을 통과시킨다

먼저 필터의 종이 냄새를 눌러주기 위해 충분한 양의 뜨거운 물을 통과시킵니다. 동시에 추출 온도가 내려가지 않도록 기구를 확실하게 데워줍니다.

2. 스케일을 활용한다

안정된 커피 맛을 얻고 싶다면 분쇄한 원두 가루의 양과 붓는 물의 양을 정확하게 계량해야 합니다. 서버를 올릴 수 있는 계량 저울을 사용하면 편리합니다.

3. 타이머를 사용한다

원두 가루를 뜸 들이는 시간을 재거나, 물 붓는 시간을 컨트롤하는 데 도움이 되는 타이머는 필수품입니다. 타이머를 준비하거나 스마트폰의 타이머 기능을 이용해도 됩니다.

4. 추출 후에는 스푼으로 휘저어 섞는다

제일 먼저 추출한 커피와 마지막에 추출한 커피는 맛과 농도가 다릅니다. 추출이 끝나면 스푼을 이용하여 세로로 휘저어 섞어 줍니다.

How to Paper Drip

칼리타 웨이브 드리퍼

바닥 면이 평평해서 물과 원두 가루가 충분히 접촉하기 때문에 맛이 일정해, 초보자도 간단하게 추출할 수 있습니다.

원두 가루 분쇄도 : 중간 분쇄

추출량 기준	뜨거운 물	커피
한 잔 분량	180㎖	12g
두 잔 분량	360㎖	24g

(한 잔 분량)

시간	뜨거운 물을 붓는 횟수	뜨거운 물의 양	저울 눈금
시작	첫 번째 뜨거운 물	30㎖	30g
1:00	두 번째 뜨거운 물	50㎖	80g
1:30	세 번째 뜨거운 물	100㎖	180g

물이 다 내려오면 완성!

※ 2잔을 추출할 때는 붓는 물의 양을 두 배로, 3잔은 세 배로 늘리면 됩니다.

How to

1. 필터에 뜨거운 물을 통과시킨다

필터의 냄새를 눌러 주기 위해 드리퍼와 필터에 충분한 뜨거운 물을 부어 통과시킵니다. 기구를 데운 다음, 물은 버립니다.

4. 두 번째, 세 번째 뜨거운 물을 부어 준다

두 번째 뜨거운 물을 부을 때는 중심에서 시작해서 바깥을 향해 50㎖를 골고루 부어 줍니다. 1분 30초간 기다린 다음, 세 번째는 100㎖를 모두 부어 줍니다.

2. 원두 가루를 넣어 고르게 만들어 준다

드리퍼에 원두 가루를 넣은 다음 드리퍼를 양손에 쥐고 주변을 가볍게 탁탁 두드려서 가루가 평평해지도록 고르게 만들어 줍니다.

3. 첫 번째 뜨거운 물을 부어 뜸을 들인다

타이머를 맞춘 다음 30㎖의 뜨거운 물을 원두 가루의 중심에서부터 천천히 원을 그리듯이 부어 줍니다. 1분간 뜸을 들입니다.

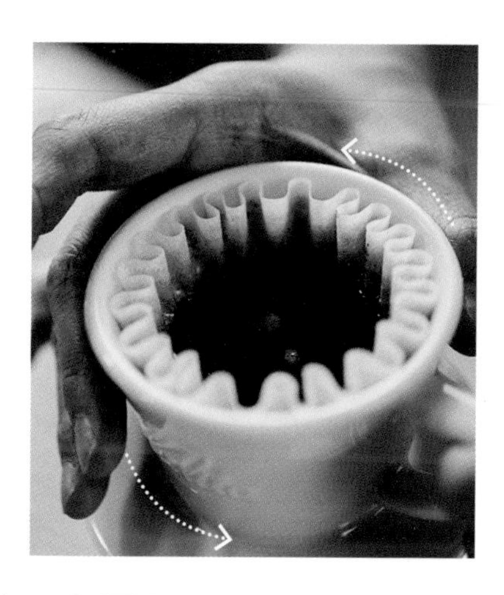

5. 드리퍼를 돌린다

드리퍼에 뜨거운 물이 남아있을 때 가볍게 돌려 필터 측면에 남아있는 원두 가루를 아래쪽으로 모아 줍니다. 뜨거운 물과 가루를 마지막까지 접촉시켜 줍니다.

6. 드리퍼를 뺀 다음 휘저어 준다

뜨거운 물이 다 내려가면 드리퍼를 빼고 서버 안에 있는 커피액을 스푼으로 휘저어 섞어 농도를 균일하게 맞춥니다.

How to Paper Drip

깊은 맛을 내는 멜리타

멜리타는 추출구가 하나밖에 없기 때문에 물 빠짐이 느려서 물과 원두 가루의 접촉 시간이 길다는 것이 특징입니다. 물이 천천히 내려오기 때문에 깊이가 있는 맛의 커피가 추출됩니다.

원두 가루 분쇄도 : 중간 분쇄

추출량 기준	뜨거운 물	커피
한 잔 분량	180mℓ	12g
두 잔 분량	360mℓ	24g
세 잔 분량	540mℓ	36g

(한 잔 분량)

시간	뜨거운 물을 붓는 횟수	뜨거운 물의 양	저울 눈금
시작	첫 번째 뜨거운 물	30mℓ	30g
1:00	두 번째 뜨거운 물	50mℓ	80g
1:30	세 번째 뜨거운 물	100mℓ	180g

물이 다 내려오면 완성!

※ 2잔을 추출할 때는 붓는 물의 양을 두 배로, 3잔은 세 배로 늘리면 됩니다.

How to

1. **필터의 끝을 접는다**

바닥에 닿는 부분을 한 번 접고, 비스듬하게 되어 있는 변을 반대 방향으로 한 번 접으면 원두 가루를 넣었을 때 안정되게 자리를 잡을 수 있습니다.

4. **첫 번째 뜨거운 물을 부어 뜸을 들인다**

타이머를 맞춘 다음 30mℓ의 뜨거운 물을 원두 가루의 중심에서부터 천천히 원을 그리듯이 부어 줍니다. 1분간 뜸을 들입니다.

2. 종이 필터에 뜨거운 물을 통과시킨다

필터 냄새를 눌러 주기 위해 드리퍼와 필터에 충분한 양의 뜨거운 물을 부어 통과시킵니다. 기구를 데운 다음에 물은 버립니다.

3. 원두 가루를 넣고 고르게 만들어 준다

드리퍼에 원두 가루를 넣은 다음 드리퍼에 손을 대고 가볍게 흔들거나 탁탁 두드려서 가루가 평평해지도록 고르게 만들어 줍니다.

5. 두 번째, 세 번째 뜨거운 물을 부어 준다

두 번째 뜨거운 물을 전체적으로 원을 그리듯이 50㎖ 부어 줍니다. 나머지 물을 붓고 드리퍼를 흔들어서 필터 측면에 남아있는 원두 가루를 아래쪽으로 모아 줍니다.

6. 드리퍼를 뺀 다음 휘저어 준다

뜨거운 물이 다 내려가면 드리퍼를 빼고 서버 안에 있는 커피액을 스푼으로 휘저어 섞어 줍니다.

How to Paper Drip

깔끔한 맛을 내는 하리오

큰 추출구가 하나 있으며 리브가 긴 나선형 모양으로 되어 있어 물 빠짐이 빠르기 때문에, 물을 빨리 부으면 깔끔한 맛을, 천천히 부으면 깊이 있는 맛의 커피가 추출됩니다.

원두 가루 분쇄도 : 중간 분쇄

추출량 기준	뜨거운 물	커피
한 잔 분량	180㎖	12g
두 잔 분량	360㎖	24g
세 잔 분량	540㎖	36g

(한 잔 분량)

시간	뜨거운 물을 붓는 횟수	뜨거운 물의 양	저울 눈금
시작	첫 번째 뜨거운 물	30㎖	30g
1:00	두 번째 뜨거운 물	50㎖	80g
1:30	세 번째 뜨거운 물	50㎖	130g
1:50	네 번째 뜨거운 물	50㎖	180g

물이 다 내려오면 완성!

※ 2잔을 추출할 때는 붓는 물의 양을 두 배로, 3잔은 세 배로 늘리면 됩니다.

How to

1. 종이 필터에 뜨거운 물을 통과시킨다

필터 냄새를 눌러 주기 위해 드리퍼와 필터에 충분한 양의 뜨거운 물을 부어 통과시킵니다. 기구를 데운 다음에 물은 버립니다.

4. 드리퍼를 돌린다

드리퍼를 가볍게 돌려 필터 측면에 남아 있는 원두 가루를 아래쪽으로 모아 줍니다. 모든 원두 가루가 물과 접촉할 수 있는 상태를 만들어 줍니다.

2. 첫 번째 뜨거운 물을 부어 뜸을 들인다

타이머를 맞춘 다음 30㎖의 뜨거운 물을 원두 가루의 중심에서부터 천천히 원을 그리듯이 부어 원두 가루 전체를 적신 다음, 1분간 뜸을 들입니다.

3. 두 번째 ~ 네 번째 뜨거운 물을 부어 준다

두 번째 뜨거운 물도 중심에서부터 원을 그리듯이 부어 줍니다. 필터에 걸치고 부어도 괜찮습니다. 세 번째 뜨거운 물, 네 번째 뜨거운 물까지 부어 줍니다.

5. 드리퍼를 뺀다

물이 전부 내려갈 때까지 기다린 다음 드리퍼를 뺍니다. 드리퍼를 얹어 놓을 용기를 준비합니다.

6. 스푼으로 휘저어 섞어 농도를 균일하게 만든다

서버 안에 있는 커피액을 스푼으로 잘 휘저어 섞어 농도를 균일하게 만들어 줍니다.

How to Paper Drip

울퉁불퉁한 디자인의 오리가미

원추형 측면이 울퉁불퉁하게 되어 있어 페이퍼와 드리퍼가 흡착하기 어렵다는 특징을 가지고 있습니다. 추출구가 하나로 물이 빠르게 내려가기 때문에 깔끔한 맛의 커피가 추출됩니다.

원두 가루 분쇄도 : 중간 분쇄

추출량 기준	뜨거운 물	커피
한 잔 분량	180mℓ	12g
두 잔 분량	360mℓ	24g
세 잔 분량	480mℓ	36g

(한 잔 분량)

시간	뜨거운 물을 붓는 횟수	뜨거운 물의 양	저울 눈금
시작	첫 번째 뜨거운 물	30mℓ	30g
1:00	두 번째 뜨거운 물	50mℓ	80g
1:30	세 번째 뜨거운 물	50mℓ	130g
1:50	네 번째 뜨거운 물	50mℓ	180g

물이 다 내려오면 완성!

※ 2잔을 추출할 때는 붓는 물의 양을 두 배로, 3잔은 세 배로 늘리면 됩니다.

How to

1. **원추형 페이퍼를 사용해도 좋다**

오리가미 필터의 독특한 점은 페이퍼 필터의 웨이브 모양을 사용하거나, 하리오의 원추형 페이퍼를 써도 된다는 점입니다.

4. **두 번째 ~ 네 번째 뜨거운 물을 부어 준다**

두 번째 뜨거운 물도 중심에서부터 원을 그리듯이 30mℓ씩 부어 줍니다. 드리퍼와 페이퍼 사이의 틈에 물이 들어가지 않도록 주의하면서 부어 줍니다.

2. 종이 필터에 뜨거운 물을 통과시킨다

필터 냄새를 눌러 주기 위해 드리퍼와 필터에 충분한 양의 뜨거운 물을 부어 통과시킵니다. 기구를 데운 다음에 물은 버립니다.

3. 첫 번째 뜨거운 물을 부어 뜸을 들인다

30㎖의 뜨거운 물을 원두 가루의 중심에서부터 천천히 원을 그리듯이 부어 원두 가루 전체를 적신 다음, 1분간 뜸을 들입니다.

5. 드리퍼를 돌린다

네 번째 뜨거운 물까지 부은 다음에는 드리퍼를 가볍게 돌려서 필터 측면에 있는 원두 가루가 아래쪽으로 모이도록 한 다음 다 내려갈 때까지 기다립니다.

6. 스푼으로 휘저어 섞는다

서버 안에 있는 커피액을 스푼으로 휘저어 섞어 농도를 균일하게 만들면 완성입니다.

How to Paper Drip

차분하고 안정된 맛의 케멕스

케멕스는 깔끔한 맛의 커피를 추출할 수 있어 유럽과 미국 등지에서 큰 인기를 얻은 추출 방법입니다. 약간 굵게 분쇄한 원두를 사용하고 양을 늘려서 추출하면 안정된 맛의 커피를 추출할 수 있습니다.

원두 가루 분쇄도 : 중간 분쇄보다 약간 굵게

추출량 기준	뜨거운 물	커피
두 잔 분량	300mℓ	20g
세 잔 분량	450mℓ	30g
네 잔 분량	600mℓ	40g

(두 잔 분량)

시간	뜨거운 물을 붓는 횟수	뜨거운 물의 양	저울 눈금
시작	첫 번째 뜨거운 물	60mℓ	60g
1:00	두 번째 뜨거운 물	90mℓ	150g
1:30	세 번째 뜨거운 물	150mℓ	300g

물이 다 내려오면 완성!

※ 3잔을 추출할 때는 첫 번째 뜨거운 물을 90mℓ, 두 번째 뜨거운 물을 135mℓ, 세 번째 뜨거운 물을 225mℓ 부어 줍니다.

How to

1. 필터를 접고 뜨거운 물을 필터에 통과시킨다

두 면을 안쪽으로 접어 넣어 리브가 생기도록 접는 방법을 권장합니다. 충분한 양의 뜨거운 물을 부어 기구로 통과시킵니다.

4. 세 번째 뜨거운 물을 부어 준다

세 번째 뜨거운 물도 역시 원을 그리듯이 중앙에서부터 바깥을 향해 원두 가루 전체에 물이 적셔지도록 부어 줍니다.

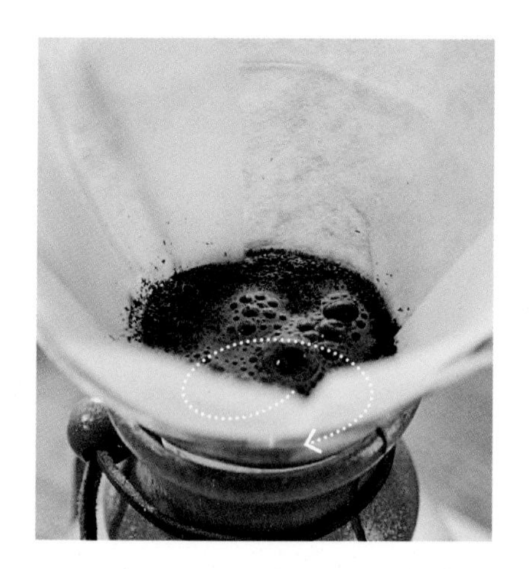

2. 첫 번째 뜨거운 물을 부어 뜸을 들인다

60㎖의 뜨거운 물을 원두 가루의 중심에서부터 천천히 원을 그리듯이 부어 원두 가루 전체를 적신 다음, 1분간 뜸을 들입니다. 페이퍼에는 물을 붓지 않도록 주의합니다.

3. 두 번째 뜨거운 물을 부어 준다

두 번째 뜨거운 물도 원두 가루의 중심에서부터 원을 그리듯이 부어 줍니다. 원두 가루 전체에 골고루 물이 가도록 천천히 부어 줍니다.

5. 드리퍼를 돌린다

세 번째 뜨거운 물을 다 부은 다음에는 드리퍼를 가볍게 돌려서 필터 측면에 있는 원두 가루가 아래쪽으로 모이게 한 다음 모두 내려갈 때까지 기다립니다.

6. 서버 부분을 흔들어 준다

추출액이 거의 다 내려와 방울로 떨어지는 상태가 되면 페이퍼를 빼 줍니다. 그러고 나서 서버 부분을 흔들어서 커피액의 농도를 균일하게 만들어 줍니다.

The Charms of French Press

프렌치프레스

프렌치프레스는 원두 가루를 뜨거운 물에 담가서 커피 성분을 우려내는 대표적인 침출식 추출 방법입니다. 커피가 가지고 있는 맛을 있는 그대로 즐길 수 있습니다.

프렌치프레스는 유럽에서 일반적으로 사용되는 추출 기구로, 프랑스에서 유행했기 때문에 '프렌치프레스'라는 이름이 붙었습니다. 일본에서는 홍차를 추출할 때도 많이 사용되기 때문에 홍차용 기구로 알고 있는 사람도 많습니다. 하지만 프렌치프레스는 원래 커피를 추출하기 위한 기구로 개발되었습니다.

프렌치프레스의 매력은 커피가 가지고 있는 본연의 맛을 그대로 즐길 수 있다는 점입니다. 프렌치프레스로 추출하면 페이퍼 드립으로 추출할 때는 제거되는 커피 오일이 그대로 추출되기 때문에 풍부한 향을 간직하고 있어서 입에 머금었을 때 온전한 커피 맛을 느낄 수 있습니다.

뿐만 아니라 원두 가루를 뜨거운 물에 담가서 추출하는 간단한 방법이기 때문에 어려운 기술이 필요하지 않습니다. 카페에 가야 맛볼 수 있는 본격적인 커피 맛을 즐길 수 있습니다.

또한, 원두 가루의 분량과 뜨거운 물의 양, 추출하는 시간을 정확하게 재서 추출하면 같은 맛을 재현할 수 있기 때문에, 원두의 향미를 비교하는 테이스팅에도 활용할 수 있습니다.

페이퍼 드립은 추출하는 잔의 수에 따라서 소요되는 시간이 달라지지만, 프렌치프레스는 0.35ℓ나 1ℓ 모두 4분이면 추출할 수 있습니다. 많은 양의 커피를 추출해야 할 때는 대단히 편리한 방법입니다.

프렌치프레스로 맛있는 커피를 추출하기 위한 Tip

1. 뜨거운 물은 2번에 나누어서 부어 준다

뜨거운 물을 2번에 나누어 부어 줍니다. 첫 번째는 원두 가루 안에 들어있는 가스를 빼주는 것이 목적입니다. 뜨거운 물을 반 정도 부은 다음 보글보글 거품이 올라오는 것을 확인합니다.

2. 드립케틀로 속도감 있게 부어 주어도 OK

첫 번째 부어 주는 물은 속도감 있게 부어주는 것이 효과적이므로, 배출구가 넓은 주전자를 사용해도 괜찮습니다. 신선한 원두를 사용하면 밑에서부터 액체층, 원두 가루층, 거품층의 3개의 층이 선명하게 보입니다.

3. 세척할 때는 분해해서 씻는다

플런저(금속의 필터가 붙어있는 뚜껑)의 필터 부분이 더러워졌을 때는 분해한 다음 정성껏 씻어 줍니다.

4. 필터는 반년에 한 번 교체한다

필터는 몇 번 사용하다 보면 테두리가 헐거워지거나 거름망이 막히면서 조금씩 수명이 닳습니다. 사용 빈도에 따라 다르기는 하지만 반년에 한 번씩은 교체하도록 합니다.

Hoe to French Press

프렌치프레스

프렌치프레스는 초보자라도 간단하게 추출할 수 있습니다. 프렌치프레스는 커피가 가진 개성을 있는 그대로 즐길 수 있는 추출 기구입니다.

원두 가루의 분쇄도 : 중간 분쇄

추출량 기준	뜨거운 물	커피
두 잔 분량	300㎖	16 ~ 18g
네 잔 ~ 다섯 잔 분량	850㎖	46 ~ 48g

(두 잔 분량) 0.35ℓ프레스의 경우

시간	뜨거운 물을 붓는 횟수	뜨거운 물의 양	저울 눈금
시작	첫 번째 뜨거운 물	150㎖	150g
0:30	두 번째 뜨거운 물	150㎖	300g

4분 후, 플런저를 눌러서 내리면 완성!

How to

1. 원두 가루를 넣는다

뚜껑을 빼고 플런저는 끌어올려 놓습니다. 타이머를 4분으로 설정하고 기구에 원두 가루를 넣고 가볍게 흔들어 평평하게 만들어 줍니다.

4. 두 번째 뜨거운 물을 부어 준다

거품이 가라앉아 액면이 내려가면 뜨거운 물을 전체적으로 원을 그리듯이 부어 줍니다. 용기 테두리에서부터 1.5cm 정도 아래까지 부어 주면 됩니다.

2. 첫 번째 뜨거운 물을 부어 준다

4분으로 설정한 타이머의 시작 버튼을 누르고 뜨거운 물을 속도감 있게 부어 줍니다. 원두 가루 전체가 물에 젖도록 용기의 반 정도까지 물을 부어 줍니다.

3. 3개의 층으로 나누어진 모양을 확인한다

30초간 뜸을 들이는 사이에 원두 가루가 보글보글 부풀어 오르면서 액체층 위에 원두 가루층, 그리고 그 위에 다시 거품층이 생겨서 3개의 층으로 나눠집니다.

5. 뚜껑을 올린다

플런저는 위로 올려놓은 상태에서 용기에 뚜껑을 올려 줍니다. 그대로 타이머가 0이 될 때까지 기다립니다.

6. 4분 후 플런저를 내려 준다

타이머가 울리면 플런저를 천천히 밀어서 내려 줍니다. 이때 커피가 거름망 위로 넘쳐 올라오지 않도록 주의합니다.

Aeropress is Hybrid

에어로프레스

침출식과 가압식의 하이브리드같은 추출 방식으로 자신의 스타일에 맞게 응용하기도 쉬워 추출하는 즐거움이 큰 추출 도구입니다.

주사기처럼 밀어 넣어 공기압을 이용하여 커피를 추출하는 '에어로프레스'는 비교적 새로운 기구로 주목을 받고 있습니다. 단시간에 추출할 수 있고 뒷정리도 간단하며 크기가 작아, 여행 갈 때 들고 가는 사람도 있을 정도입니다.

에어로프레스의 특징은 침출식과 가압식의 하이브리드라는 점입니다. 에어로프레스는 압력을 가하기 때문에 비교적 단시간에 추출할 수 있으며, 다양한 레시피에도 활용이 가능합니다.

단시간에 깔끔한 맛의 커피를 추출할 수도 있으며, 분량을 늘리면 농후한 맛도 추출할 수 있어, 추출하는 사람의 스타일을 많이 반영할 수 있는 추출 방법입니다.

에어로프레스 도구는 원두 가루와 뜨거운 물을 넣는 '실린더'와 밀어낼 때 쓰는 '플런저', 동그란 종이 필터, 커피를 휘저을 때 쓰는 패들로 구성되어 있습니다. 기구는 추출이 끝난 다음에 마실 컵 위에 직접 올려놓고 추출해도 됩니다. 에어로프레스의 챔버의 직경에 맞춰서 튼튼하고 안정감이 있는 컵을 준비하면 문제없이 추출할 수 있습니다. 에어로프레스에는 정방향(여과식)과 역방향(침출식)의 두 가지 추출 방식이 있습니다. 역방향은 기구를 거꾸로 놓고 사용합니다. 프레스하기 전에는 추출액이 내려오지 않는 점이 정방향과의 차이점입니다.

에어로프레스를 즐기기 위한 Tip

1. 여행이나 출장을 갈 때 들고 간다

기구를 분리하면 더욱 콤팩트해지므로 가방에 넣어서 들고 다닐 수 있습니다. 여행지의 호텔에서 나만의 커피를 추출해서 즐길 수 있습니다.

2. 진하게 추출해서 희석한다

정방향 추출 방법 외에도, 원두 가루의 양을 늘려 진하게 추출한 다음 희석해서 마시는 방법도 있습니다. 이렇게 하면 고급스러운 맛의 커피를 즐길 수 있습니다.

인기 있는 역방향 추출

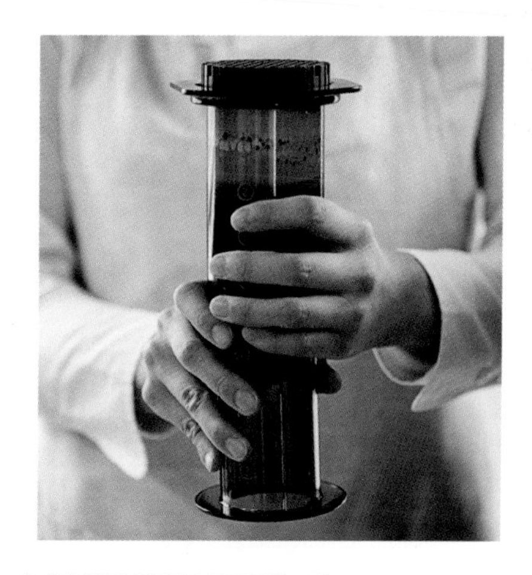

1. 기구를 거꾸로 놓는다

필터에 뜨거운 물을 부어 통과시킨 다음, 실린더와 플런저를 장착하여 거꾸로 놓습니다. 원두 가루를 넣고 평평하게 만든 다음 뜨거운 물을 부어 줍니다.

2. 서버를 끼워서 뒤집는다

뜨거운 물을 넣어 가볍게 돌리고 서버를 끼운 다음 천천히 뒤집고 플런저를 눌러서 추출합니다. 진하게 추출하면 아메리칸프레스처럼 즐길 수 있습니다.

How to Drip Aeropress

에어로프레스

에어로프레스는 플런저를 누를 때 천천히 밀어 내리는 것이 중요합니다. 자신의 취향에 맞는 맛을 자유롭게 추출할 수 있는 방법입니다.

추출량 기준	뜨거운 물	커피
한 잔 분량	200㎖	15 ~ 17g

시간	작업
시작	20초 동안 뜨거운 물을 부어 주기
0:20	휘저어 주기(5 ~ 10초)
0:30	뜸 들이기(1분간)
1:30	20초 동안 천천히 눌러 주기
1:50	완성

How to

1. 필터에 뜨거운 물을 통과시킨다

뜨거운 물을 필터에 통과시킵니다. 이 작업을 통해 서버를 데우면서 필터 냄새도 눌러 줄 수 있습니다. 서버에 받은 물은 버립니다.

역방향 추출

커피	분량	뜨거운 물(93℃)
중간 분쇄보다 약간 굵게	20g	80㎖(희석용 60㎖)

시간	작업
시작	뜨거운 물을 부어 주기
0:15	휘저어 주기
0:30	뚜껑을 덮고 뒤집어 주기
1:10	천천히 눌러 주기

희석용 뜨거운 물을 추가하여 완성

2. 실린더에 필터를 장착한다

서버 위에 실린더와 필터를 올려놓습니다. 안정감 있는 머그컵을 서버로 사용하면 추출한 후에 그대로 마실 수 있습니다.

3. 뜨거운 물을 부어 준다

원두 가루를 넣어 평평하게 만든 다음 20초 동안 뜨거운 물 200㎖를 원두 가루 전체에 천천히 부어 줍니다. 이 단계에서는 뜸 들이기를 하지 않습니다.

4. 젓개로 휘저어 준다

젓개 혹은 스푼을 사용하여 원을 그리듯이 휘저어 섞어 줍니다. 그런 다음 플런저를 끼워서 1분간 뜸 들이기를 합니다.

5. 천천히 눌러 준다

약 20초 동안 천천히 눌러 줍니다. 빠르게 누르면 깔끔한 맛, 천천히 내리면 진한 맛의 커피가 추출됩니다. 누를 때의 세기와 속도에 따라 맛이 달라집니다.

Various Types of Metal Filters

금속 필터

금속 메쉬(망사)로 만들어진 드리퍼로 메쉬 부분은 둥근 구멍 혹은 세로 슬릿 모양 등 다양한 타입이 있습니다.

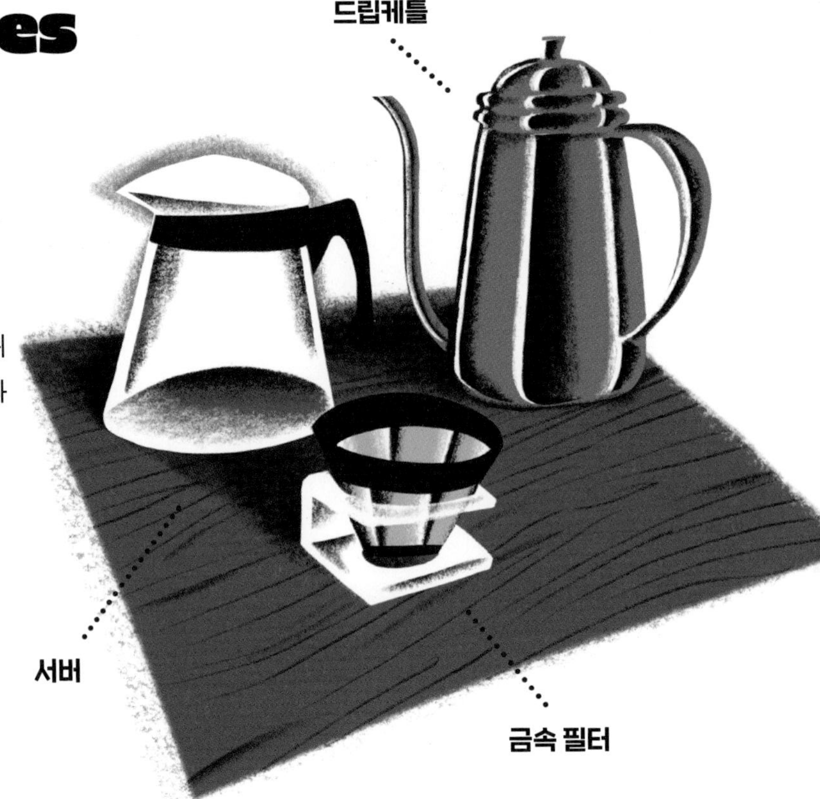

금속 필터의 장점은 핸드드립을 할 때 추출하는 사람의 스타일을 반영할 수 있으면서 페이퍼 필터로 추추할 때는 제거되는 커피 오일이 함께 추출된다는 점입니다. 커피가 가지고 있는 본연의 풍미를 즐길 수 있는 것이죠. 커피액에는 커피 미분이 섞이거나 약간 탁해진다는 특징도 있는데, 이 점이 마음에 걸린다면 원두 가루를 넣기 전에 체로 한 번 쳐서 커피 미분을 제거하면 됩니다.

금속 필터는 최근 전문가들 사이에서 큰 주목을 얻고 있습니다. 세척해서 계속 사용할 수 있기 때문에 친환경적이기는 하지만, 메쉬의 구멍이 막히지 않도록 식기용 세제로 세척하고 부드러운 브러시로 씻어주는 등의 관리가 필요합니다.

메쉬 부분은 둥글게 펀칭이 되어 있는 것, 헤링본 무늬, 세로 슬릿 모양 등으로 구성되어 있습니다. 또한 모양은 대형형과 원추형이 기본이며, 전용 홀더가 달려있는 제품도 있지만, 대부분 필터만 판매되고 있습니다. 케멕스나 커피메이커와 함께 사용하기도 합니다. 구매할 때는 본인이 가지고 있는 드리퍼의 크기와 모양에 맞는 것을 선택하도록 합니다.

종이 필터에 비해 망사 구멍이 크기 때문에 필터에 부으면 뜨거운 물이 그대로 내려가게 됩니다. 두 번째나 세 번째 물을 부을 때는 물을 필터가 아니라 원두 가루에 부어주도록 주의합니다.

금속 필터의 종류

대형형, 새로 슬릿 타입

세로로 긴 슬릿 모양으로 펀칭이 된 메쉬로, 물 빠짐이 좋다는 특징이 있으므로 물을 부을 때의 컨트롤이 중요합니다.

대형형, 헤링본 무늬 타입①

헤링본 무늬 직물 같은 복잡한 메쉬로, 물 빠짐이 느린 편입니다. 바디감을 느낄 수 있는 맛의 커피가 추출됩니다.

대형형, 헤링본 무늬 타입②

헤링본 무늬이면서 메쉬의 구멍이 크기 때문에 부드럽고 마일드한 느낌을 주는 커피가 추출됩니다.

원추형, 원형 타입

작고 둥근 구멍이 같은 간격으로 뚫려 있는 필터. 원두 가루층이 두꺼워지므로 바디감이 강한 맛의 커피가 추출됩니다.

컵형, 원 컵 타입

머그컵에 직접 추출하는 1인용 필터. 원두 가루를 넣어 중간 덮개를 덮은 다음에 뜨거운 물을 부어 줍니다.

Miki's Voice

커피 오일이 여과되므로 원두의 개성을 한층 더 즐길 수 있습니다. 메쉬의 구멍이 종이 필터에 비해 크기 때문에 분쇄도가 중요합니다. 물 빠짐이 너무 빠를 때는 약간 곱게, 반대로 물 빠짐이 느릴 때는 굵게 하는 등 미세한 조정이 필요합니다.

How to Metal Filters

금속 필터

필터에 직접 뜨거운 물을 부으면 그대로 서버로 물이 떨어져 싱거운 커피가 추출되므로 부을 때 주의해야 합니다.

원두 가루 분쇄도 : 중간 분쇄

추출량 기준	뜨거운 물	커피
한 잔 분량	180mℓ	12 ~ 13g
두 잔 분량	340mℓ	21 ~ 22g

(두 잔 분량)

시간	뜨거운 물을 붓는 횟수	뜨거운 물의 양	저울 눈금
0:00	첫 번째 뜨거운 물	30mℓ	30g
1:00	두 번째 뜨거운 물	50mℓ	80g
1:30	세 번째 뜨거운 물	50mℓ	130g
2:00	네 번째 뜨거운 물	110mℓ	240g
2:30	다섯 번째 뜨거운 물	100mℓ	340g

※한 잔을 추출하는 경우, 첫 번째 뜨거운 물은 30mℓ, 두 번째와 세 번째는 각각 25mℓ, 네 번째와 다섯 번째는 각각 50mℓ씩 부어 줍니다.

How to

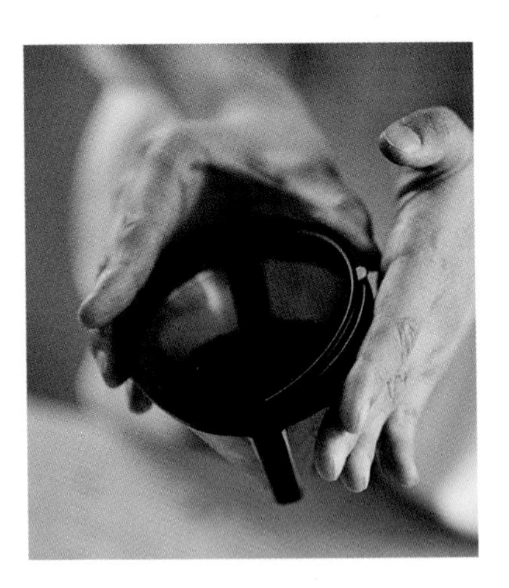

1. 원두 가루를 넣고 평평하게 만든다

드리퍼를 서버 위에서 빼서 원두 가루를 넣은 다음 살짝 흔들어서 평평하게 만들어 줍니다. 서버 위에서 흔들면 커피 미분 가루가 떨어질 수 있으므로 주의합니다.

4. 두 번째 ~ 다섯 번째 뜨거운 물을 부어 준다

중심에서부터 원을 그리듯이 두 번째 뜨거운 물을 부어 줍니다. 커피액이 필터 테두리까지 도달하지 않도록 주의하면서 30초에 한 번씩 다섯 번째 물까지 부어 줍니다.

2. 첫 번째 뜨거운 물을 부어 준다

원두 가루의 중앙 부분에 30㎖의 뜨거운 물을 부어 준 다음, 천천히 전체적으로 빠짐없이 물을 부어 원두 가루 전체를 적셔 줍니다. 이때 메쉬 부분에 물이 가지 않도록 주의합니다.

3. 뜸을 들인다

전체적으로 커피를 적셔준 다음, 액면이 거품으로 부풀어 오르면 그대로 잠시 두어 1분간 뜸을 들입니다. 가스를 빼줌으로써 원두 가루와 물이 잘 어우러지게 됩니다.

5. 서버를 빼낸다

원하는 만큼의 추출량에 도달하면 아직 내려갈 물이 남았더라도 드리퍼를 서버에서 빼냅니다.

6. 휘저어 섞은 다음 컵에 따른다

서버 안의 추출액을 스푼으로 휘저어 섞어서 농도를 균일하게 만들어 줍니다. 컵에 따르면 완성입니다.

Retro Siphon

사이폰

마치 화학 실험을 하는 듯한 재미와 레트로한 느낌이 독특한 사이폰. 풍부한 향과 맛을 충분히 즐길 수 있습니다.

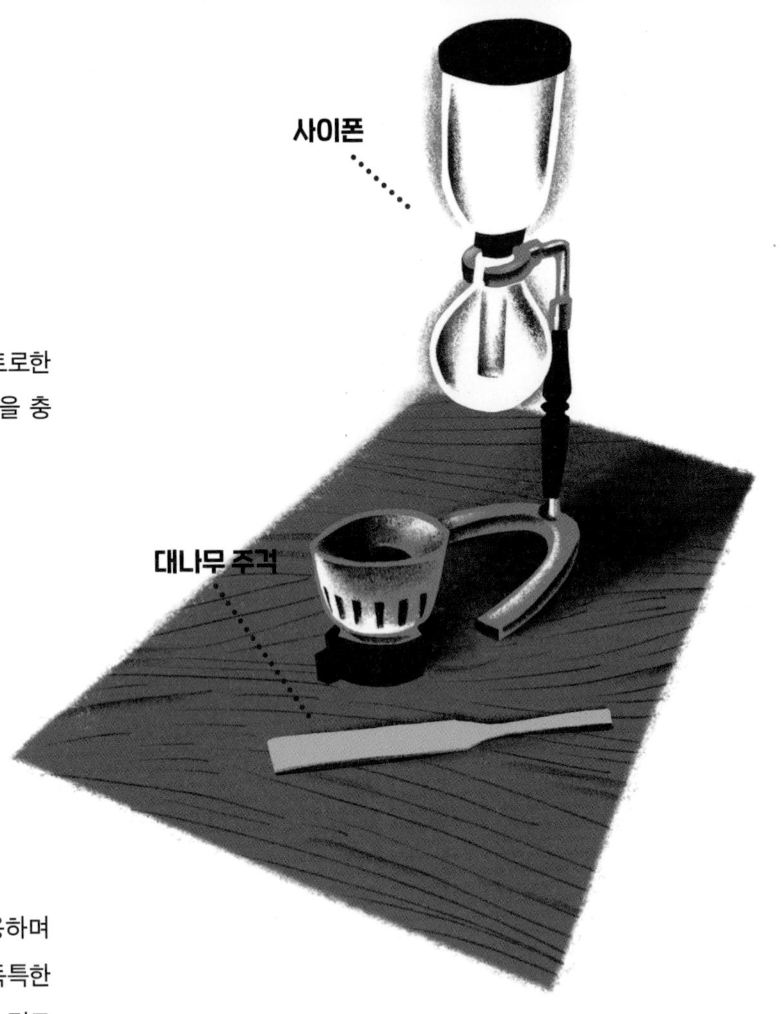

알코올램프 등으로 끓인 물을 사용하며 증기압을 이용하여 커피를 추출하는 독특한 도구로, 애호하는 사람이 많은 사이폰. 겉모습이 재미있고 추출 과정에서 기분 좋은 물 끓는 소리와 함께 커피 향이 주변에 퍼지는 광경을 감상할 수 있다는 점도 사이폰의 매력입니다.

플라스크에 들어있는 물을 가열하면 내부에서 수증기가 팽창하면서 기압이 상승하고, 끓은 물이 위에 설치되어 있는 로트로 올라가게 됩니다. 위의 로트로 올라간 물이 그 안에 들어있던 원두 가루와 섞이면서 추출이 시작됩니다. 알코올램프의 열원을 제거하면 이번에는 플라스크 안의 수증기가 수축하여 기압이 내려가서, 로트에서 추출된 커피액이 여과기를 통과하게 되는데, 아래쪽 플라스크로 내려가면 완성입니다. 추출액에는 커피 오일이 함유되어 있는데, 여과기를 감싸고 있는 융의 효과도 있어서 부드러운 성질을 가진 커피가 추출됩니다. 겉으로 보이는 기구의 화려한 면만 주목을 받고 있지만, 사이폰은 기능적으로도 뛰어난 추출 기구로서 풍부한 향미를 만들어냅니다.

열원은 알코올램프나 할로겐램프를 사용한 '빔 워터Beam water' 등이 있으며, 가정에서는 안정된 화력을 가진 야외용 가스버너 등을 권장합니다.

여과기 부착하는 법

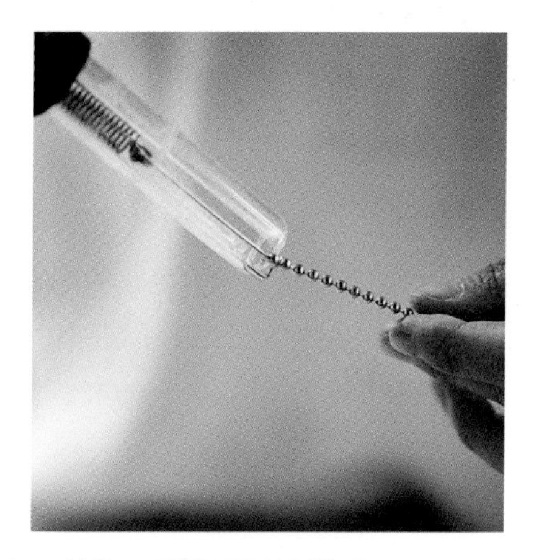

1. 융을 깨끗하게 세척해서 냉동 보관

융은 완전히 펼쳐서 보관합니다. 추출 후에, 흐르는 물로 융의 개구부에 묻어 있는 가루를 씻어 내고 표면 부분은 수세미를 이용해서 가루를 전부 떼어 냅니다. 냉동실에서 보관하는 것이 가장 좋습니다.

2. 부착은 고리를 걸어서 한다

여과기에 붙어있는 스프링을 로트의 관에 통과시켜 끝에 붙어있는 고리를 관의 테두리에 걸쳐 줍니다. 여과기가 로트의 중앙에 고정되도록 대나무 주걱을 움직여 조정합니다.

케미컬 스톤으로 온도 체크하기

1. 볼 체인을 통해 온도를 체크한다

로트에 여과기를 고정하는 스프링 밑에 볼 체인이 붙어있는데, 이는 케미컬 스톤의 역할을 담당합니다. 볼 체인에서 나오는 거품 상태를 보고 뜨거운 물의 온도를 확인합니다.

2. 뜨거운 물 온도 체크하는 법

볼 체인에서 보글보글 거품이 생기는 것은 온도가 상승하고 있다는 증거입니다. 큰 기포가 연속적으로 보글보글 생기면 물이 끓고 있다고 판단하면 됩니다.

How to Siphon

사이폰

플라스크의 물을 너무 많이 가열하지 않도록 주의하고 여과기를 제대로 장착해서 추출하도록 합니다. 갓 추출한 플라스크는 고온이므로 데지 않도록 특별히 주의해야 합니다.

원두 가루 분쇄도 : 중간 분쇄

추출량 기준	뜨거운 물	커피
한 잔 분량	180㎖	12 ~ 13g

(두 잔 분량)

시간	작업
시작	첫 번째 휘저어 섞어 주기
0:30	뜸 들이기
완성	열원을 제거한 다음 두 번째 휘저어 섞어 주기. 액체가 아래쪽 플라스크로 다 내려올 때까지 기다린다.

※한 잔을 추출하는 경우, 첫 번째 뜨거운 물은 30㎖, 두 번째와 세 번째는 각각 25㎖, 네 번째와 다섯 번째는 각각 50㎖씩 부어 줍니다.

How to

1. 플라스크 안의 물이 끓는 것을 확인

플라스크 안에 뜨거운 물을 넣고 알코올 램프나 빔 히터 등으로 가열하여 끓을 때까지 기다립니다. 로트와 연결된 볼 체인을 보고 끓는 상태를 확인합니다.

4. 두 번째 휘저어 섞어 준다

30초간 뜸 들이기를 하고 그 상태에서 자연스럽게 추출합니다. 그런 다음 열원을 제거하고 원두 가루를 밑에서부터 감아올리듯이 휘저어 섞어 줍니다.

2. 로트 안에 원두 가루를 넣은 다음 플라스크에 끼워 넣는다

로트 안에 원두 가루를 넣고 가볍게 흔들어서 표면을 평평하게 만들어 줍니다. 물이 끓는 것을 확인한 다음 로트를 플라스크에 끼워 넣습니다.

3. 첫 번째 휘저어 섞어 준다

물이 로트로 올라가서 1cm 가량 쌓이면 대나무 주걱으로 휘저어 섞어서 물과 가루가 잘 어우러지도록 합니다. 원두 가루 속의 가스를 빼기 위한 뜸 들이기와 같은 상태로 만들어 줍니다.

5. 추출액이 플라스크로 내려가게 한다

추출액이 로트에서 플라스크로 다 내려갈 때까지 기다린 다음 보글보글 기포가 다 빠지면 플라스크를 가볍게 흔들어서 추출액을 섞어 줍니다.

6. 빛에 비추어 혼입물을 확인한다

간혹 원두 가루나 융의 실이 혼입되어 있는 경우도 있으므로 플라스크에 빛을 비추어 안을 잘 확인하도록 합니다.

Flavorful Macchinetta

마키네타

이탈리아 가정에서는 익숙하게 볼 수 있는 마키네타. 직화식 커피 메이커로 깊이 있는 맛의 커피를 추출할 수 있습니다.

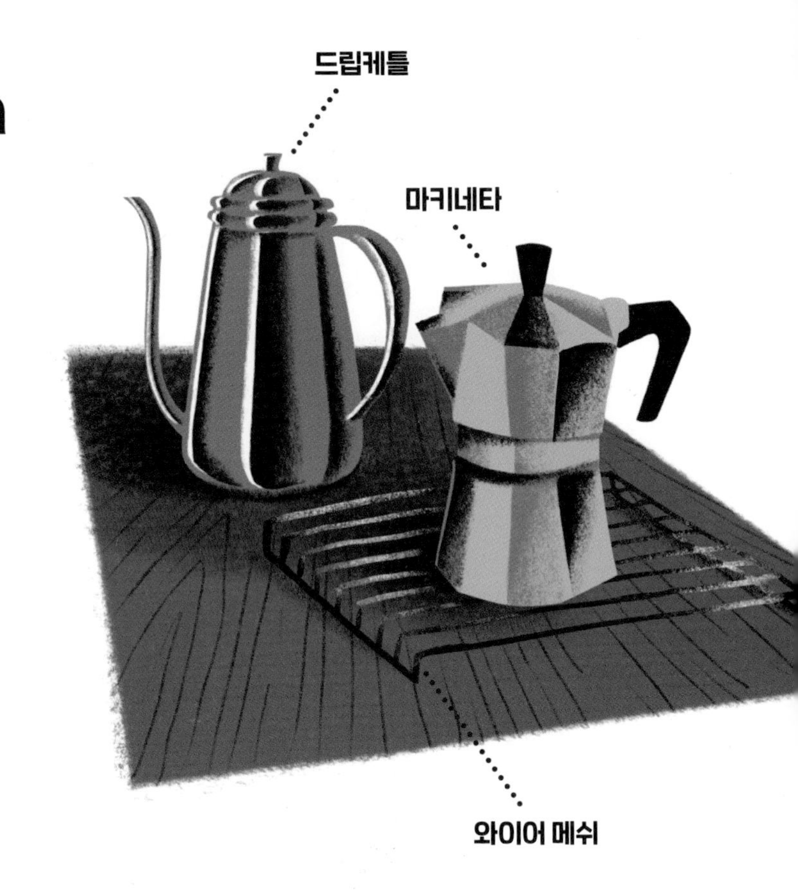

마키네타는 '직화식 에스프레소 메이커' '모카포트' '모카 익스프레스' 등으로도 불립니다. 이탈리아 가정에서는 자주 사용되는 도구로, 대를 이어 전해지면서 오랫동안 소중히 사용되곤 하는 추출 기구입니다. 에스프레소 머신은 9기압에서 추출하는 데 비해 마키네타는 2기압 정도에서 추출하는데도 농축된 깊은 맛의 커피를 추출할 수 있습니다.

바닥 부분의 보일러에 물을 넣어 불에 올리면 물이 끓어 증기가 차오르면서 그 압력으로 뜨거운 물이 커피바스켓의 관을 거쳐 밀려 올라가 원두 가루를 통과하면서 커피가 추출됩니다. 추출액은 다시 서버관까지 올라가고 상부 서버 안으로 떨어지면서 완성되는 구조로 이루어져 있습니다.

마키네타는 물을 끓이는 '보일러'와 원두 가루를 담는 '커피바스켓', 추출액을 담는 '서버'의 세 부분으로 구성되어 있습니다. 각각의 부분을 확실하게 결합해서 압력이 새어 나가지 않도록 주의합니다. 뜨거운 물로 추출을 하면 탄 냄새가 줄어듭니다. 전기 열원과 일체형으로 된 최신식 마키네타도 있지만 대부분은 직화식입니다. IH용 마키네타는 많지 않으므로, 집에 있는 가스레인지의 열원을 확인한 다음에 구입하는 것이 좋습니다.

마키네타로 맛있는 커피를 추출하기 위한 Tip

1. 각각의 부분들을 확실하게 결합한다

원두 가루를 넣는 커피바스켓 테두리에는 고무 재질의 가스켓이 붙어있는데, 여기에 원두 가루가 묻어있는 상태로 추출을 하면 압력이 오르지 않아 제대로 추출이 되지 않을 수 있으므로 특히 주의해야 합니다.

2. 안정되게 올릴 수 있는 망을 준비한다

가스레인지의 삼발이가 너무 커서 마키네타를 올릴 수 없는 경우에는 와이어 메쉬를 준비하면 안정되게 불에 올릴 수 있습니다. 마키네타 전용 원형사발이Support ring를 사용해도 됩니다.

마키네타 관리하는 법

1. 기구가 긁히지 않도록 주의한다

마키네타는 긁히지 않도록 스폰지로 세척합니다. 마키네타는 스테인리스 재질과 알루미늄 재질이 있습니다. 표백제는 피하도록 하며, 알루미늄 재질의 경우 물로 세척한 후 곧바로 수분을 털어 냅니다.

2. 사용할 때마다 분해해서 세척한다

사용 후에는 분해해서 식기용 중성 세제로 세척합니다. 몇 번 사용한 다음에는 한 번씩 고무 가스킷을 분리해서 세척합니다. 가스킷은 이쑤시개 등을 사용하면 간단하게 빼낼 수 있습니다.

How to Macchinetta

마키네타

직화로 추출하는 마키네타는 커피의 매력이 응축되어 있는 것 같은 걸쭉하고 농후한 맛을 즐길 수 있습니다.

원두 가루 분쇄도 : 극세 분쇄보다 약간 굵게

추출량 기준	뜨거운 물	커피
1~2잔 분량	200㎖	20g

How to

1. 보일러에 뜨거운 물을 넣는다

보일러 안쪽의 선까지 뜨거운 물을 넣습니다. 원두 가루 20g에 약 200㎖를 넣으면 됩니다. 끓인 물을 사용하면 탄 냄새를 막아 줍니다.

4. 불에 올린다

가스레인지 등 불 위에 와이어 메쉬를 깔고 마키네타를 올립니다. 약불에서 중불 사이로 맞춥니다. 불이 세면 추출 시간이 너무 짧아질 수 있으므로 주의합니다.

2. 원두 가루를 넣는다

커피바스켓에 20g의 원두 가루를 넣고, 커피바스켓이 평평하게 균일해질 때까지 흔들어 줍니다. 고르게 될 정도면 충분하며 꾹꾹 눌러 담지는 않도록 주의합니다.

3. 각각의 부분들을 결합한다

커피바스켓을 보일러에 끼운 다음 서버를 씌웁니다. 이때 원두 가루가 묻지 않았는지 확인합니다. 틈이 생기면 압력이 새어 나갈 수 있으므로 주의합니다.

5. 서버로 커피가 추출된다

보일러에 있는 물이 끓기 시작하면 증기압으로 관을 타고 올라가 원두 가루에 침투하여 천천히 서버에 쌓이기 시작합니다. 뚜껑은 열어 놓아도 상관없지만 뜨거운 커피가 튈 수 있으므로 주의합니다.

6. 소리가 나면 불에서 내린다

커피가 하얗게 되면서 보글보글하는 소리가 나면 추출이 완료된 것입니다. 컵에 따르고 난 다음 본체는 잘 식혀 줍니다. 완전히 식고 나면 분해해서 세척합니다.

How to Iced Coffee

아이스 커피

더운 여름이 되면 바로 생각나는 아이스 커피. 얼음을 듬뿍 사용한 급랭법으로 만들면 확실한 플레이버와 맛을 즐길 수 있습니다.

아이스 커피는 크게 급랭식과 콜드브루의 두 종류로 나눌 수 있습니다. 급랭식은 뜨거운 커피를 추출할 때 얼음을 듬뿍 넣은 서버와 유리잔에 부어 급격하게 식히는 방법입니다. 추출한 커피는 물로 희석되기 때문에 원두 가루를 넉넉하게 넣거나 추출하는 물의 양을 적게 하는 것이 포인트입니다. 추출 방법은 페이퍼 드립이나 프렌치프레스 모두 가능합니다.

콜드브루는 상온의 물을 사용하여 천천히 추출하는 방법입니다. 포트에 원두 가루를 넣어 평평하게 만든 다음 상온의 물을 넣어 어우러지게 해줍니다. 그다음은 랩을 씌워서 8~10시간 정도 냉장고에 보관한 다음, 페이퍼 필터나 금속 필터로 걸러주면 완성입니다. 목 넘김이 좋은 식감과 무게가 있는 맛을 가지고 있습니다.

급랭식

원두 가루의 분쇄도
중간 분쇄

프렌치프레스(0.35ℓ 사이즈)

분량	뜨거운 물의 양
28g	200mℓ

페이퍼 드립

분량	뜨거운 물의 양
15g	130mℓ

콜드브루

원두 가루의 분쇄도	원두 가루 분량	물	시간
중간 분쇄	20g	200mℓ	8~10시간

급랭식 커피 추출 Tip

1. 서버에 얼음을 넣는다

페이퍼 드립의 경우, 먼저 필터에 뜨거운 물을 부어 헹군 다음 서버 안에 얼음을 듬뿍 넣습니다.

2. 원두 가루에 뜸을 들인다

원두 가루를 넣어 평평하게 만든 다음, 중앙에서부터 뜨거운 물을 천천히 부어 원두 가루 전체가 적셔지면 1분간 뜸을 들입니다.

3. 추출액이 얼음 위로 떨어진다

중심에서부터 원을 그리듯이 천천히 뜨거운 물을 부어 줍니다. 추출액은 얼음 위로 떨어진 순간 차가워져 탱탱한 맛과 플레이버가 생깁니다.

4. 휘저어 섞은 다음, 다시 시원하게 만든다

뜨거운 물을 다 부은 다음에는 스푼으로 휘저어 섞어서 전체를 균일하게 만들어 줍니다. 얼음이 녹아 부족하면 2~3개 추가로 넣어서 시원하게 만들어 줍니다.

Rich Espresso

에스프레소

압력을 가해 성분을 추출하는 에스프레소의 매력은 농후한 맛과 향입니다. 최근에는 가정용 머신도 많이 시판되고 있습니다.

에스프레소 머신으로 추출한 커피의 특징은 쓴맛과 농후함이 두드러진다는 점입니다. 가압을 하면서 추출하기 때문에 커피 오일이 유화되어 진하면서도 부드러운 목 넘김이 가능한 커피가 추출된다는 점도 에스프레소 머신의 매력입니다.

에스프레소의 맛에 크게 영향을 미치는 것은 물의 온도, 원두 가루의 정밀도, 추출 시간 등 세 가지입니다. 바리스타는 이 세 가지를 수없이 조정하면서 추출 레시피를 만들어 갑니다. 온도는 일정하게 유지되는 것이 가장 좋습니다. 원두 가루가 너무 고우면 추출 시간이 길어져 과다 추출이 되기도 하며, 너무 굵으면 추출 시간이 짧아져 진한 맛이 덜한 커피가 추출됩니다. 추출 시간이 1초만 차이가 나도 맛은 달라진다고 합니다.

최근에는 가정용 에스프레소 머신이 많이 시판되고 있습니다. 실제로 소형 카페에서도 사용할 수 있는 본격적인 가정용 제품부터 캡슐이나 포드Pod를 넣기만 하면 간편하게 커피를 즐길 수 있는 제품까지 다양하게 갖추어져 있습니다. 구입할 때는 예산과 목적을 명확하게 따진 다음 자신의 라이프 스타일에 맞는 기종을 선택하는 것이 좋습니다.

에스프레소 머신으로 맛있는 커피를 추출하기 위한 Tip

1. 바스켓 안의 원두는 균일하게

바스켓 안에서 추출이 불균일하게 되지 않도록 필터 홀더에 원두 가루를 넣은 다음에 평평하게 만들어 줍니다. 눌러 담을 때는 힘을 균등하게 주는 것이 중요합니다.

2. 규정량에 도달하면 추출을 멈춘다

스케일로 계량하면서 컵에 떨어지는 추출액의 양을 확인하고, 규정량에 도달하면 바로 추출을 멈춥니다. 양이 너무 많거나 너무 적으면 맛이 달라집니다.

에스프레소 머신 사용 시 주의점

1. 반드시 프레싱을 실시한다

추출 시작 전에 반드시 추출 버튼을 눌러서 프레싱(뜨거운 물 빼기)을 합니다. 이는 급탕구 부근의 뜨거운 물을 버림으로써 적정 온도를 유지하고 전에 추출하면서 붙어있던 원두 가루를 털어 내기 위함입니다.

2. 머신을 세척한다

정기적으로 머신 제조사가 권장하는 방법으로 세척해 줍니다. 유분이 많은 에스프레소는 머신에 남아있는 액체가 산화되어 맛에 좋지 않은 영향을 끼치게 됩니다.

How to Espresso

에스프레소

커피의 매력이 응축되어 있는 것 같은 걸쭉하고 농후한 맛을 즐길 수 있습니다.

원두 가루 분쇄도 : 극세(에스프레소 분쇄)

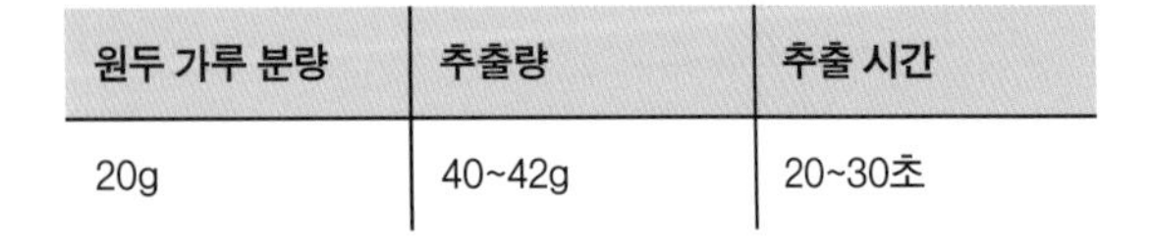

원두 가루 분량	추출량	추출 시간
20g	40~42g	20~30초

How to

1. **원두 가루를 넣어 평평하게 만들어 준다**

필터 홀더에 필터를 장착하고 원두 가루를 넣습니다. 원두 가루는 살짝 흔들어 바스켓 안에서 가루가 균일하게 될 수 있도록 평평하게 만들어 줍니다.

4. **프레싱을 한다**

에스프레소 머신의 추출 버튼을 눌러서 프레싱을 합니다. 급탕구 부근의 뜨거운 물을 버리고 전에 추출하면서 붙어있던 원두 가루를 털어냅니다.

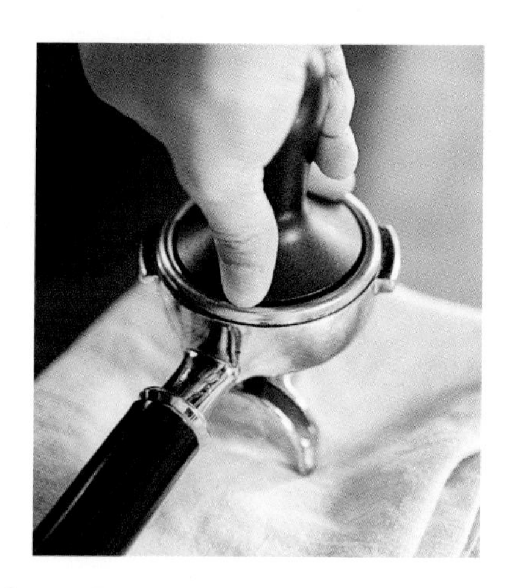

2. **탬핑을 한다**

손으로 가볍게 고르게 만들어 준 다음 탬퍼를 이용하여 원두 가루를 눌러 줍니다. 힘을 과도하게 주지 않고 15kg 정도의 힘으로 똑바로 눌러 줍니다.

3. **테두리에 묻은 원두 가루를 제거한다**

필터 테두리에 묻은 원두 가루를 깨끗하게 제거합니다. 가루가 묻어 있으면 추출 시의 압력이 새어 나가 제대로 추출이 되지 않습니다.

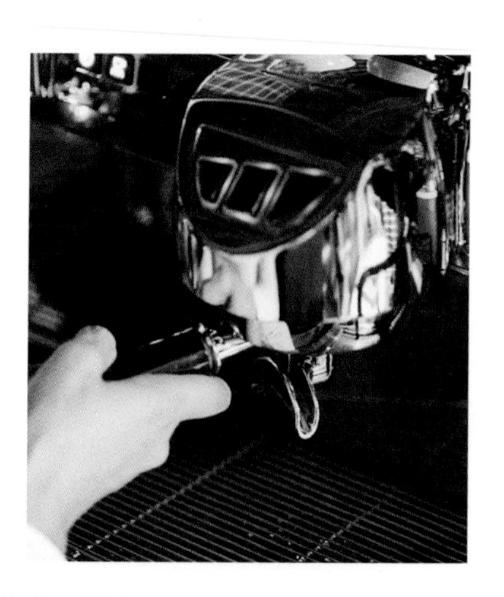

5. **홀더를 급탕구에 세팅한다**

필터 홀더를 급탕구에 세팅합니다. 가루가 습기를 빨아들이기 전에 바로 추출 작업으로 들어갑니다.

6. **규정량이 될 때까지 추출한다**

컵받침에 컵을 놓고 추출 버튼을 누릅니다. 규정량만큼 추출이 되면 바로 스위치를 끕니다.

최고의 커피를 선정하는 '컵 오브 엑셀런스'란?

커피 업계에는 1년에 한 번 각 생산국에서 최고 품질의 커피콩을 선정하는 품평회가 있습니다. 바로 '컵 오브 엑셀런스COE'입니다.

COE는 우선 국내심사원에 의한 예선을 실시하고, 각국에서 초빙된 국제 심사원에 의한 엄격한 커핑을 거쳐 100점 만점에 87점 이상을 획득한 커피콩만 입상할 수 있습니다. 입상한 커피콩의 가격은 온라인 경매에서 결정되는데, 1kg당 77만 원에 이르는 등 매년 파격적인 고가에 낙찰되면서 커피 관계자들로부터 많은 주목을 받는 프로그램입니다.

COE는 1999년 브라질에서 처음 개최되었습니다. 당시 커피의 국제 시세가 좋지 않아 생산 비용을 밑도는 금액에서 거래되면서 커피 생산자들을 힘들게 만들었습니다. 이런 상황을 타개하기 위해 UN과 국제커피기구ICO의 협력 아래 고메Gourmet 커피 개발 프로젝트가 결성되면서 그 일환으로 COE도 시작되었습니다. 해를 거듭하면서 COE는 뛰어난 프로그램으로 인식되었고, 서서히 참가국도 늘어 현재는 10개국이 넘는 나라에서 실시되고 있습니다.

COE는 단순한 품평회가 아니라 생산자와 로스터를 이어주는 역할도 담당하고 있습니다. COE 덕분에 세계 각국의 로스터가 훌륭한 생산자와 만나 맛있는 커피를 소비자에게 소개할 수 있게 되었으며, 현재 커피 업계에서 스페셜티 커피, 제3의 물결, 다이렉트 트레이드의 발전으로 이어질 수 있게 되었습니다.

Chapter 5

Arrange Your Usual Coffee

어레인지 커피 만들기

Supporting Roles of Side Characters

커피 맛을 돕는 중요한 조연들

물은 커피의 중요한 파트너입니다. 설탕과 우유도 커피의 맛을 풍부하게 만들어 주는 훌륭한 조연이지요. 이들을 적절히 활용하면 더욱 맛있는 커피를 만들 수 있습니다.

커피를 추출할 때 없어서는 안 되는 것이 바로 물입니다. 드립 커피에서 물이 차지하는 비율은 98~99%로, 커피의 맛은 사실 물에 의해 바뀐다고 말할 수 있습니다. 수질을 나타내는 지표에는 경도와 PH지수가 있는데, 커피를 추출하는데 적합한 경도와 PH가 있으므로 알아두면 도움이 됩니다.

커피의 짝꿍으로서 없어서는 안 되는 설탕과 우유에도 여러 종류가 있습니다. 커피는 사실 처음에는 아무것도 넣지 않고 블랙으로 마실 것을 권장하지만, 산미가 있는 커피에 설탕을 넣으면 맛이 극적으로 변화하여 과일 같은 느낌이 두드러지기도 합니다. 블랙커피에서는 느낄 수 없었던 원두의 개성을 발견하는 경우도 있습니다. 설탕이나 우유로 맛을 변화시키기도 합니다. 142쪽부터 소개하는 어레인지 커피를 즐길 때도 우유와 설탕은 반드시 필요하므로 맛과 사용법을 알아 두면 편리합니다.

물

경도와 PH를 확인하여 용도에 맞게 사용한다

물의 성질을 결정하는 것이 경도와 PH입니다. 경도란 물에 함유되어 있는 칼슘이온과 마그네슘이온 등의 미네랄량을 말합니다. 미네랄이 적으면 '연수', 많으면 '경수'가 됩니다. 경도가 너무 높으면 커피 성분을 끌어낼 공간이 없어서 밋밋한 맛의 커피가 추출됩니다. 따라서 약간의 연수를 사용하는 것이 적합합니다.

PH는 액체의 산성도를 나타내는데, PH7이 중성으로 이보다 낮은 것이 산성, 높은 것이 알칼리성입니다. PH가 낮은 물은 커피의 산미가 더 많이 느껴진다고 합니다.

또한 수돗물은 석회질 냄새가 거슬릴 수 있습니다. 끓이면 해소되기도 하지만 커피를 추출할 때는 미네랄워터를 사용하거나 정수기 물을 사용할 것을 권장합니다.

Hardness

경도

물은 미네랄 함유량에 따라 연수와 경수로 나뉩니다. 약배전이나 중배전처럼 산미를 느끼고 싶은 커피라면 연수를 사용하는 것이 좋습니다. 토양에 따라 수질이 다르므로 이에 따른 맛의 차이를 즐겨보는 것도 하나의 재미입니다.

Potential of Hydrogen

PH

산성수(PH지수가 낮은)로 추출하면 산미를 더욱 강하게 느낄 수 있으며, 알칼리수로 추출하면 쓴맛을 더 느낄 수 있습니다.

Milk and Cream

커피 맛을 부드럽게 만드는 우유와 크림

커피의 쓴맛과 깊은 맛을 부드럽게 만들어 주는 우유. 우유, 생크림, 1회용 커피크림 등을 목적에 맞게 사용하면 됩니다.

커피의 맛을 변화시키는 것 중에 제일 먼저 떠오르는 것은 바로 우유입니다. 우유에는 주로 세 가지 타입이 있습니다.

첫 번째는 카페오레 등의 어레인지 커피를 만들 때 사용하는 우유입니다. 소의 종류와 성분 조정의 유무, 살균 방법 등에 따라 우유 맛은 달라집니다. 그중에서도 저온 살균한 우유는 부담감이 없고 우유의 자연스러운 단맛을 즐길 수 있어서 커피의 맛을 살려 줍니다.

생크림도 커피에 단골로 활용되는 아이템입니다. 농도가 높기 때문에 소량으로 우유의 맛을 낼 수 있다는 것이 특징입니다. 유지방은 20% 정도 되는 것에서부터 47%인 것까지 선택의 폭이 넓으므로 취향에 맞게 사용하면 됩니다.

단, 유지방이 높으면 약배전 커피의 경우 분리가 될 수 있으므로 주의해야 합니다. 1회용 커피크림은 우유나 생크림과는 달리 대부분 식물성유지로 만들기 때문에 맛은 담백합니다. 밀폐 용기에 들어있어 보관성이 높기 때문에 야외에서 사용하기 좋습니다.

우유의 종류

Milk

우유

커피에는 성분 무조정으로 저온살균한 우유가 적합합니다. 충분히 데운 우유를 넣으면 커피와 잘 어우러져 맛을 부드럽게 만들어 줍니다.

Fresh cream

생크림

농후하고 크리미한 느낌이 필요할 때 소량 넣으면 크림의 깊은 맛과 향이 상승합니다. 단, 너무 많이 넣지 않도록 주의합니다.

Powder Cream

분말크림

식물성유지나 유제품을 분말 상태로 만든 것으로 '크리밍 파우더'라고도 불립니다. 병에 들어있는 타입, 스틱 타입 등이 있습니다.

Potion Cream

1회용 커피크림

식물성유지와 물에 유화제를 첨가하여 크림 상태로 만든 것입니다. 밀폐 용기에 1회 분량 5㎖가 들어있습니다. 상온에서 보관 가능하기 때문에 휴대하기에도 편리합니다.

Sugar Adds Sweetness

커피 맛을 부드럽게 만드는 설탕의 단맛

쓴맛도 좋지만 살짝 단맛이 나는 커피는 피곤할 때나 심리적으로 위로가 필요할 때 도움이 됩니다.

피곤할 때 커피에 설탕을 넣어서 단맛을 즐기면 피로가 풀리지요? 에스프레소에 우유와 설탕을 듬뿍 넣는 것은 이탈리아를 비롯한 해외에서 일반적으로 즐겨 마시는 방법입니다. 그날그날의 기분에 맞춰 단맛과 깊은 맛이 있는 커피를 골라서 즐기면 됩니다.

넣는 양도 중요하지만 어떤 단맛을 추가하느냐에 따라 맛은 크게 달라지는데요. 커피숍에서는 각각 그들이 추출하는 커피에 맞게 다른 종류의 설탕을 구비해 놓기도 합니다. 블랙커피만 마시는 사람도 한 번쯤 시도해볼 만합니다.

꿀은 어떤 꽃의 벌꿀이냐에 따라서도 맛이 달라집니다. 권장하고 싶은 것은 아카시아꿀이나 백화밀입니다. 커피의 향을 두드러지게 해주므로 커피에 맞는 단맛을 내는 데는 제격입니다.

설탕의 종류

Granulated Sugar

그래뉴당

백설탕보다 부드럽고 잘 녹으며 깔끔한 단맛이 특징입니다. 커피나 홍차의 감미료로 인기가 있습니다. 각설탕도 그래뉴당을 굳혀서 고체로 만든 것입니다.

Coffee Sugar

커피 설탕

얼음 설탕에 캐러멜로 색을 입힌 것이 커피 설탕입니다. 커피 성분은 들어있지 않습니다. 천천히 녹기 때문에 마시기 시작할 때와 다 마시고 난 다음 맛의 변화를 느낄 수 있습니다.

Cassonade

비정제 사탕수수당

사탕수수 100%의 브라운 슈거. 정제되지 않아 독특한 향과 깊은 단맛을 가지고 있습니다. 프랑스에서는 디저트를 만들 때 없어서는 안 되는 설탕입니다.

Honey

꿀

꿀 특유의 향과 단맛이 커피 맛을 변화시켜 평소와 다른 맛을 즐길 수 있게 해줍니다. 우유와 함께 넣으면 맛이 잘 어우러집니다.

Gum Syrup

검시럽

설탕이 잘 녹지 않는 아이스 커피에 주로 넣어 사용합니다. 물과 설탕을 졸여서 만드는 감미료이기 때문에 뜨거운 커피에 넣으면 커피가 희석되므로 권장하지 않습니다.

Miki's Voice

최고의 어레인지 커피는 '커피 + 설탕'입니다.
각각의 재료가 서로의 맛을 살려 주면서
어우러지는 것을 느낄 수 있습니다.
또한 아메리카노에 소량의 꿀을 넣어
특별한 맛의 변화를 체험해 볼 수도
있습니다.

Enjoy Arrange Coffee

어레인지 커피 즐기기

스트레이트로 마시는 것도 좋지만 가끔 우유와 술을 넣어서 어레인지 커피에 도전해보는 것은 어떨까요? 자유로운 발상으로 여러 가지 재료를 조합시켜 보면 의외로 멋진 맛을 체험할 수 있습니다.

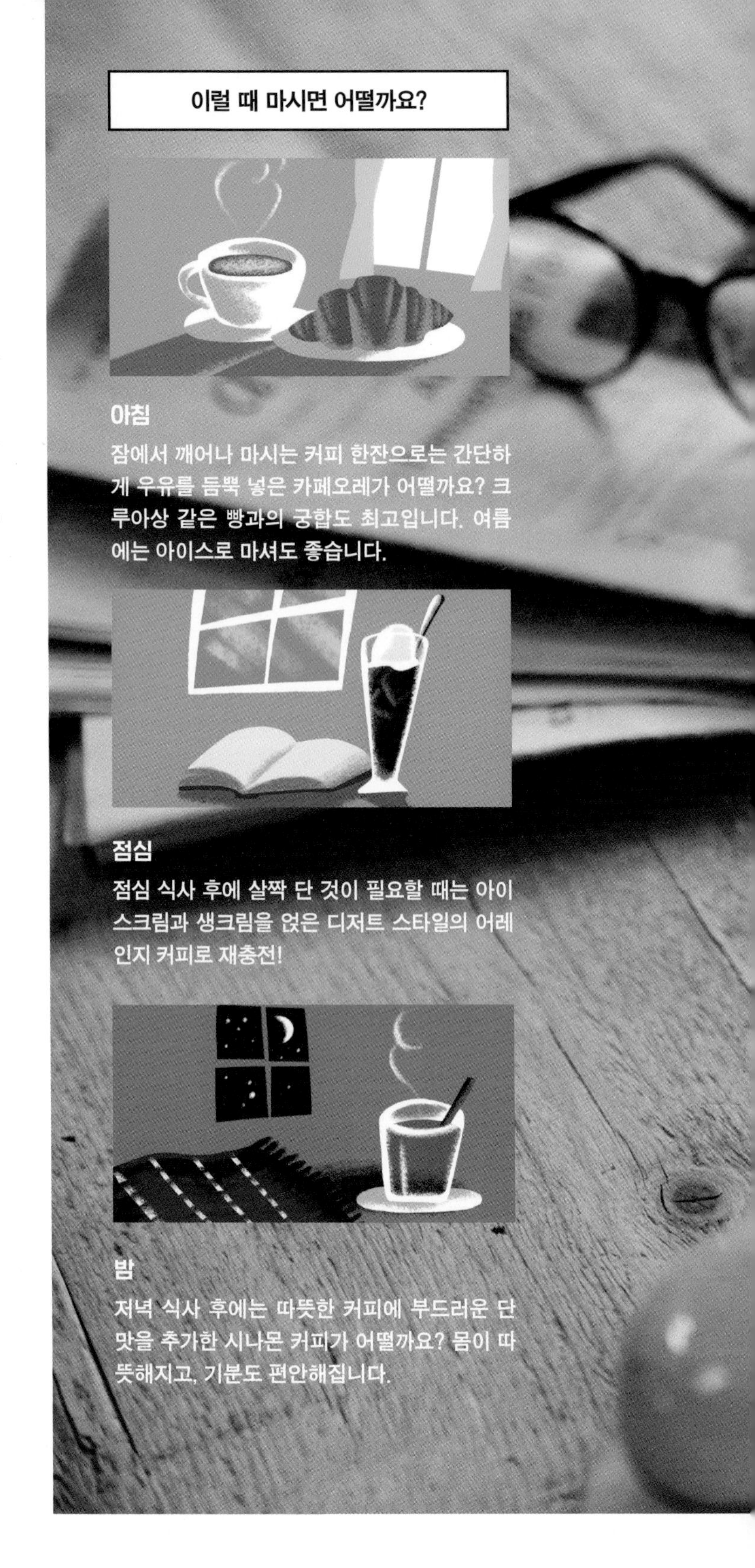

#01
카페오레
Cafe Au Lait

레시피

강배전, 중배전한 커피 … 15g

뜨거운 물 … 150㎖

우유… 200㎖

1. 원두 15g을 중간 분쇄로 갈고 약 150㎖의 뜨거운 물을 부어 약 120㎖의 커피를 추출합니다.
2. 냄비에 우유를 넣고 60℃ 전후(유막이 굳지 않을 정도)로 데워 줍니다.
3. 커피와 따뜻하게 데운 우유를 미리 데워 둔 컵에 따라 줍니다.

Miki's Voice

커피와 우유의 비율은 1:1이 이상적입니다. 우유는 두유, 아몬드 우유, 귀리 우유 등의 식물성 우유를 사용해도 좋습니다.

#02
아이스 카페오레
Iced Cafe Au Lait

레시피

강배전, 중배전한 커피 … 20g

뜨거운 물 … 150㎖

우유 … 80~100㎖

얼음 … 적당량

1. 서버에 얼음을 넣습니다.
2. 원두 20g을 중간 분쇄로 갈고 뜨거운 물을 150㎖ 부어 약 120㎖의 커피를 얼음을 넣은 서버에 추출하여 급랭시킵니다.
3. 유리잔에 얼음, 커피, 우유를 붓고 가볍게 섞어 줍니다.

Miki's Voice

급속으로 식혀 주기 때문에 맛과 향을 추출액 안에 풍부하게 간직하고 있습니다. 원두 가루의 양을 늘려서 진하게 추출하는 것이 포인트입니다.

#03 커피 플로트 Coffee Float

레시피

강배전 커피 … 20g
뜨거운 물 … 150㎖
검시럽 … 6~8g
바닐라 아이스크림 … 한 스쿱
얼음 … 적당량

1. 서버에 얼음을 넣습니다.
2. 원두 20g을 중간 분쇄로 갈고 뜨거운 물을 150㎖ 부어 약 120㎖의 커피를 얼음을 넣은 서버에 추출하여 급랭시킵니다.
3. 유리잔에 얼음, 커피, 검시럽을 넣고 가볍게 휘저어 섞어 줍니다.
4. 바닐라 아이스크림을 올립니다.

Miki's Voice

커피를 진하게 추출해서 급랭시키고 소량의 시럽을 추가하면 밸런스가 좋아집니다.

#04
아이리시 커피
Irish Coffee

레시피

중배전 커피 … 15g

뜨거운 물 … 150㎖

아이리시 위스키 … 15㎖

브라운 슈거 … 10g

생크림 … 25g

1. 서버에 브라운 슈거를 넣습니다.
2. 중배전한 원두 15g을 중간 분쇄로 갈고 뜨거운 물을 150㎖ 넣어 약 120㎖의 커피를 추출합니다.
3. 따듯하게 데운 유리잔에 아이리시 위스키 15㎖를 넣습니다.
4. 커피를 3의 잔에 부어 줍니다.
5. 생크림을 5분 정도 거품을 만들어서 체에 거릅니다.
6. 층이 생기도록 부어 줍니다.

Miki's Voice

아이리시 위스키가 없을 때는
다른 증류주를 넣어도 상관없습니다.
다른 지역의 위스키나 브랜디도
시도해 보세요.

#05
커피 젤리 라테
Coffee Jelly Latte

레시피

중배전 · 강배전한 커피 … 20g

뜨거운 물 … 150㎖

젤라틴 … 5g

우유 … 120g

설탕 … 15g

얼음 … 적당량

1. 원두 20g을 중간 분쇄로 갈고 뜨거운 물을 150㎖ 부어 약 120㎖의 커피를 추출한 다음 설탕을 녹여 줍니다.
2. 젤라틴을 소량의 뜨거운 물로 녹이고 1에 넣어 잘 섞습니다.
3. 냉장고에서 굳혀 줍니다.
4. 굳으면 스푼으로 유리잔에 퍼서 넣어 줍니다.
5. 얼음과 우유를 추가합니다.

Miki's Voice

커피를 진하게 추출하면 강한 맛을 가진 커피가 탄생하게 됩니다. 차가운 우유로 거품을 만들 때는 프렌치프레스를 사용해도 됩니다.

#06
마멀레이드 오레
Marmalade Cafe Au Lait

레시피

중배전 · 강배전한 커피 … 15g

뜨거운 물 … 150㎖

마멀레이드 잼 … 20g

우유 … 120g

설탕 … 8g

1. 원두 15g을 중간 분쇄로 갈고 뜨거운 물을 150㎖ 부어 약 120㎖의 커피를 추출합니다.
2. 우유에 설탕을 넣은 다음 데워 줍니다.
3. 따뜻하게 데운 프렌치프레스에 우유를 넣어 거품을 만듭니다.
4. 따뜻하게 데운 컵에 커피, 마멀레이드 잼을 넣어 잘 섞어 줍니다.
5. 층이 생기도록 거품을 만든 우유를 붓고 그 위에 오렌지 장식을 올립니다.

Miki's Voice

오렌지와 커피는 뛰어난 궁합을 자랑합니다. 러시안 티를 연상시키는 이미지로 즐겨 보세요!

#07
끓인 연유 오레
Boiling type Condensed Milk Cafe Au Lait

레시피

중배전한 커피 … 17g

물 … 120㎖

우유 … 80㎖

연유 … 10㎖

오렌지필 … 소량

1. 중배전한 원두 17g을 고운 분쇄로 갈아 냄비에 넣어 줍니다.
2. 원냄비에 물을 넣어 약불에 가열합니다.
3. 냄비 주변이 보글보글하고 끓어오르면 우유를 추가합니다.
4. 다시 한번 끓어오르면 불을 끄고 고운 체로 걸러 줍니다.
5. 위에 오렌지 껍질의 즙을 내서 향을 더해 줍니다.

Miki's Voice

터키식 커피를 연상시키는 커피로 날씨가 추울 때 마시면 몸속부터 따뜻해집니다. 기구가 없어도 냄비만 있으면 만들 수 있습니다.

#08
시나몬 커피
Cinnamon Coffee

레시피

강배전한 커피 … 15g

뜨거운 물 … 150㎖

우유 … 120㎖

꿀 … 8g

시나몬스틱 … 한 개

1. 원두 15g을 중간 분쇄로 갈고 뜨거운 물을 150㎖ 부어 약 120㎖의 커피를 추출합니다.
2. 우유에 꿀을 넣고 데워 줍니다.
3. 따뜻하게 데운 프렌치프레스에 우유를 넣고 데워서 거품을 만들어 줍니다.
4. 따뜻하게 데운 컵에 커피, 우유를 순서대로 부어 줍니다.
5. 시나몬스틱을 곁들여서 서빙합니다.

Miki's Voice

진하게 추출한 커피에 풍성한 거품을 올립니다. 시나몬스틱으로 저어 섞은 다음 향을 즐기면서 마시면 됩니다.

#09
비엔나 커피
Vienna Coffee

레시피

중배전 · 강배전한 커피 … 15g

뜨거운 물 … 150㎖

생크림 … 40g

1. 생크림을 7분립 정도로 휘핑해 줍니다.
2. 원두 15g을 중간 분쇄로 갈고 뜨거운 물을 150㎖ 부어 약 120㎖의 커피를 추출합니다.
3. 커피 표면을 덮어주듯이 1의 생크림을 올립니다.

Miki's Voice

비엔나 커피란 비엔나풍의 커피라는 뜻으로, 본고장에서는 아인슈페너라고 불립니다. 생크림에 소량의 설탕을 넣어도 맛있습니다.

Arrange your Espresso

에스프레소 어레인지하기

걸쭉하고 농후한 에스프레소는 우유, 설탕, 감귤류와 만나면 서로의 맛을 살리면서 더욱 좋은 맛을 냅니다. 상황에 맞게 조합해서 즐겨 보세요. 이번에는 술과 토닉워터, 건과일 등을 추가하여 다양한 상황에 맞는 메뉴에 도전해 볼까 합니다.

커피와 과일의 만남이 의외의 조합으로 보일 수도 있습니다. 하지만 감귤류의 산미와 커피는 뛰어난 궁합을 자랑합니다. 커피에 탄산만 추가하면 쓴맛이 나지만 오렌지를 추가하면 깔끔하고 상큼한 맛으로 변신합니다. 단맛, 쓴맛, 산미가 일체가 된 아름다운 커피의 맛에 놀라실 것입니다.

이럴 때 마시면 어떨까요?

봄

봄에 먹는 간식으로는 초콜릿이나 바닐라 아이스크림의 농후한 단맛에 에스프레소의 쓴맛이 밸런스를 이룬 아포가토나 카페모카가 정답입니다.

여름

여름에는 탄산과 과일을 이용한 어레인지 커피에 도전해 보세요. 에스프레소 토닉은 2개의 층으로 나뉘어 눈으로 보는 즐거움까지 선사합니다.

가을 & 겨울

따뜻한 것이 필요해지는 계절에는 애플사이더 라테를 추천합니다. 사과와 시나몬을 넣고 졸인 애플사이더가 커피의 품격을 높여 줍니다.

#10 아이스 아메리카노 Iced Americano

레시피

중배전 · 강배전한 커피 … 20g
(에스프레소 2샷)

물 … 180㎖

얼음 … 적당량

1. 20g의 원두를 에스프레소 분쇄로 갈아 40~42g의 커피를 추출합니다.
2. 유리잔에 얼음을 넣고 에스프레소, 물을 더해 가볍게 섞어 줍니다.

Miki's Voice

커피 본연의 맛과 향을 즐길 수 있습니다.
깔끔한 맛이 여름과 잘 어울립니다.

#11
아포카토
Affogato

레시피

중배전한 커피 … 20g(에스프레소 2샷)

아이스크림 … 150㎖

1. 그릇에 아이스크림을 담습니다.
2. 20g의 원두를 에스프레소 분쇄로 갈아서 40~42g의 커피를 추출합니다.
3. 에스프레소를 아이스크림 위에 부어 녹여 줍니다.

Miki's Voice

아이스크림은 바닐라가 가장 무난하지만, 스트로베리나 초콜릿을 사용해도 맛있습니다.

#12
에스프레소 토닉
Espresso Tonic

레시피

중배전한 커피 … 20g(에스프레소 2샷)

토닉워터 … 160㎖

얼음 … 적당량

1. 20g의 원두를 에스프레소 분쇄로 갈아서 40~42g의 커피를 추출합니다.
2. 유리잔에 얼음, 토닉워터를 넣습니다.
3. 얼음에 닿지 않도록 에스프레소를 살살 부어 층을 만들어 줍니다.

Miki's Voice

토닉워터는 스파이시하면서 단맛을 가지고 있습니다. 보기에도 상쾌해 보여 여름에 잘 어울리는 커피입니다.

#13
카페모카
Cafe Mocha

레시피

중배전한 커피 … 20g(에스프레소 2샷)

우유 … 240g

초콜릿 … 15g

코코아파우더 … 적당량

1. 초콜릿을 잘게 부숴서 장식용으로 조금 남겨 놓고, 따뜻하게 데운 컵에 넣습니다.
2. 20g의 원두를 에스프레소 분쇄로 갈아서 40~42g의 커피를 추출합니다.
3. 스팀밀크를 만들어 약 65℃로 데워 줍니다.
4. 따뜻하게 데운 컵에 커피, 우유 순으로 부어 주고 마지막에 장식용 초콜릿을 뿌려 줍니다.

Miki's Voice

에스프레소와 초콜릿의 조화가 뛰어난 커피입니다. 뒷맛에서 초콜릿 향이 느껴집니다. 어른 입맛에 맞는 비터 초콜릿을 사용할 것을 권장합니다.

#14
오렌지 카페모카
Orange Cafe Mocha

레시피

중배전한 커피 … 20g(에스프레소 2샷)

초콜릿 … 15g

우유 … 240g

오렌지 껍질 … 한 조각

1. 20g의 원두를 에스프레소 분쇄로 갈아서 40~42g의 커피를 추출합니다.
2. 다진 초콜릿을 더해 잘 섞습니다.
3. 오렌지 껍질의 즙을 내서 우유에 넣은 다음 스팀밀크를 만들어 65℃로 데워 줍니다.
4. 오렌지 껍질을 제거한 다음 커피에 부어 줍니다.

Miki's Voice

오렌지 향이 기분을 좋게 하는 커피로, 오랑제트를 연상시키는 맛입니다.

#15
애플사이더 라테
Applecider Latte

레시피

애플사이더 시럽

사과주스 … 15㎖
그래뉴당 … 5g
꿀 … 5g
정향 … 한 개
팔각 … 1/2 개
시나몬스틱 … 1/3개

중배전한 커피 … 20g(에스프레소 2샷)
애플 버터 … 8g
초콜릿 … 15g
우유 … 240g
핑크 페퍼 … 세 알

1. 애플사이더 시럽 재료를 모두 냄비에 넣어 설탕을 녹이고 체로 걸러서 스파이스를 제거합니다.
2. 원두 20g을 에스프레소 분쇄로 갈아서 40~42g의 커피를 추출합니다.
3. 컵에 애플 버터, 애플사이더 시럽, 에스프레소를 부어 잘 섞어 줍니다.
4. 스팀밀크를 만들어서 약 65℃로 데운 다음 컵에 붓고 핑크 페퍼를 뿌립니다.

Miki's Voice

가을부터 겨울에 잘 어울리는 커피로 몸을 따뜻하게 데워 주고 마음을 편안하게 만들어 줍니다.

#16
에스프레소 만다린 스쿼시
Espresso Mandarin Squash

레시피

만다린 오렌지 말린 것 … 5g
그래뉴당 … 8g
뜨거운 물 … 15g
중배전한 커피 … 20g(에스프레소 2샷)
탄산 … 120㎖
얼음 … 적당량

1. 만다린 오렌지 말린 것, 그래뉴당, 뜨거운 물을 작은 냄비에 넣고 2~3분간 가열하여 그래뉴당을 녹인 다음 식힙니다.
2. 원두 20g을 에스프레소 분쇄로 갈아서 40~42g의 커피를 추출합니다.
3. 유리잔에 1의 시럽, 얼음, 탄산을 넣어 줍니다.
4. 얼음에 닿지 않도록 에스프레소를 살살 부어 층을 만들어 줍니다.

Miki's Voice

여름에 시원하게 마실 수 있는
커피 드링크로 탱글탱글한 건과일이
포인트. 감귤류와 커피의 궁합을
확인할 수 있는 음료입니다.

Latte Art at Home

집에서 즐기는 라테아트

카푸치노의 표면에 우유로 그림을 그리는 라테아트. 요령을 습득해서 잘 표현하면 홈카페가 더욱 즐거워집니다.

라테아트 작업을 할 때 먼저 준비해야 하는 것이 에스프레소입니다. 집에 에스프레소 머신이 없을 때는 마키네타로 추출해도 됩니다. 크레마는 생기지 않지만 오일감이 있는 농후한 커피를 추출할 수 있습니다.

하트나 나뭇잎 등의 그림은 폼밀크로 그립니다. 에스프레소 머신의 경우, 우유 거품을 내면서 데우는 스티머가 달려있지만, 머신이 없는 경우에는 시판 핸디타입 밀크포머나 프렌치프레스로도 만들 수 있습니다. 수동으로 하는 것이 거품이 잘 만들어지므로 수동을 권장합니다. 플런저를 위아래로 움직여 가면서 원하는 정도의 거품을 만들면 됩니다.

필요한 도구

Espresso Machine

에스프레소 머신

라테아트를 위해 우유를 거품 내는 스티머가 달린 모델을 권장합니다. 파워가 부족하면 한 번에 우유가 잘 섞이지 않는 경우도 있습니다.

Macchinetta

마키네타

직접 불에 올려서 끓인 물의 증기압으로 에스프레소를 추출하는 도구입니다. 단 2기압으로 추출하기 때문에 크레마는 생기지 않습니다.

French Press

프렌치프레스

데운 우유를 넣어 플런저를 위아래로 움직이면 촘촘한 텍스쳐를 가진 폼밀크를 만들 수 있습니다.

Milk Pitcher

밀크피처

주입구가 부리처럼 뾰족한 스테인리스 재질의 제품을 권장합니다. 사용하는 우유량의 2배가 들어가는 사이즈를 선택합니다.

제일 먼저 액면에 원을 그리는 것부터 연습해 봅니다. 컵은 바닥이 둥글고 입구가 넓은 것이 초보자들에게 좋습니다.

밀크피처 사용법에 익숙해지면 다양한 라테아트에 도전해 보세요.

에스프레소 머신으로 폼밀크 만들기

Espresso Machine

1. 공기를 주입시킨다

우유를 넣은 피처에 노즐이 1cm가량 잠기게 꽂고, 스위치를 켜서 공기를 주입해 줍니다.

2. 우유는 2배가 될 때까지

노즐을 피처 테두리 가까이에 대면, 우유가 옆으로 회전하면서 결이 정돈되고 거품이 잘 만들어집니다. 우유량이 두 배가 되어 뜨거워지면 노즐을 뺍니다.

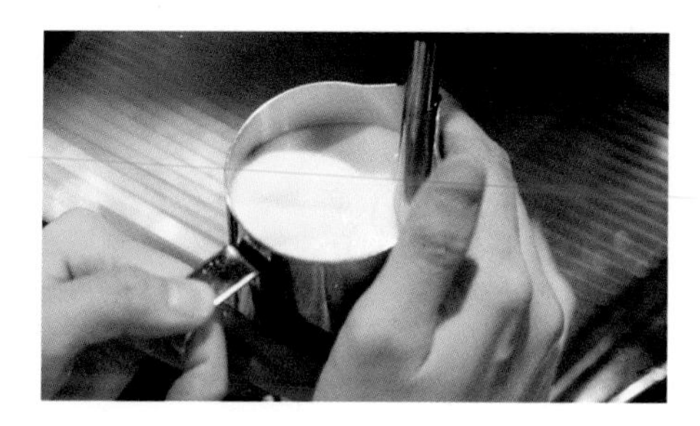

3. 공회전을 시킨다

머신의 노즐을 전용천으로 닦은 다음 공회전을 시켜 안에 있는 우유를 빼서 깨끗하게 만듭니다.

프렌치프레스로 폼밀크 만들기

French Press

1. 우유를 넣는다

65℃ 전후로 데운 우유를 스케일에 올린 프렌치프레스 안에 100㎖ 넣고 뚜껑을 덮습니다.

2. 휘저어 섞는다

손으로 위에서 누르면서 플런저를 위아래로 움직입니다. 우유가 섞여 부피가 커지면서 촘촘한 거품이 만들어지면 완성입니다.

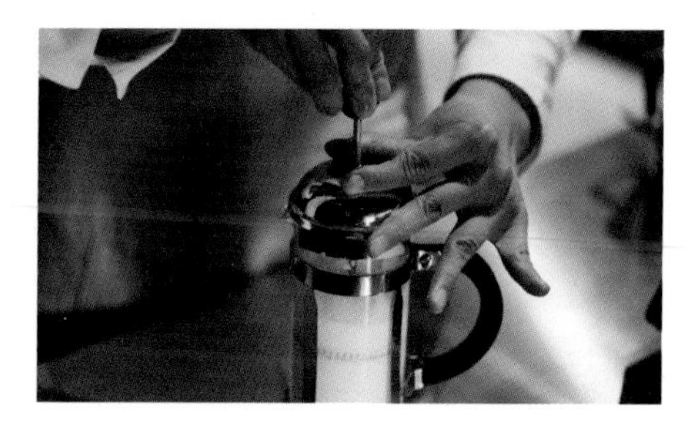

3. 별도 용기에 넣는다

뚜껑을 빼고 폼밀크를 별도 용기(밀크피처 등)에 넣어서 어우러지게 만듭니다.

Challenge Latte Art

라테아트에 도전! 하트

레시피

에스프레소 20g
밀크 … 150㎖

1. 에스프레소를 컵에 추출합니다.
2. 거품을 낸 폼밀크를 부어 줍니다. 처음에는 높은 위치에서 속도감 있게 붓고, 우유가 떠오르기 시작하면 원을 그려 줍니다.
3. 하트 모양을 그릴 때는 마지막에 가운데를 세로로 지나갑니다. 처음에는 원을 위아래로 그리듯이 연습한 다음, 서서히 하트를 그리면 됩니다.

Miki's Voice

하트는 가장 기본적인 모양입니다. 간단해 보이지만 피처 흔드는 법과 액면에 접근하는 타이밍에 따라 하트의 모양과 사이즈가 달라집니다. 따르는 감각을 몸에 익혀서 다른 모양에도 도전해 보세요.

라테아트 하트 그리기

1. 폼밀크를 붓는다

에스프레소가 들어있는 컵을 몸쪽으로 기울여서 높은 위치에서 폼밀크를 붓기 시작합니다.

2. 폼밀크는 힘차게 부어 준다

폼밀크는 에스프레소 바닥에 잠기도록 힘차게 부어 주면, 서서히 액면이 올라오게 됩니다.

3. 액면을 몸쪽으로 가까이 가져온다

액면이 올라오면 밀크피처의 주입구를 액면으로 접근시켜 하얗게 떠오를 때까지 기다립니다.

4. 밀크피처를 흔들어 준다

우유가 표면으로 떠오르면 컵을 세우면서 밀크피처를 가볍게 좌우로 흔들어 액면에 원을 크게 만들어 줍니다.

5. 몸쪽에서부터 안쪽으로

밀크피처의 주입구 부분으로 원의 중앙을 몸쪽에서부터 안쪽을 향해 세로로 지나가 하트 모양을 만들어 줍니다. 타이밍을 보면서 만들되 서두르지 않습니다.

6. 재빨리 떼어 준다

세로로 지나간 밀크피처를 비스듬히 올리면서 마지막 남은 우유에서 재빨리 떼면 아름다운 하트가 완성됩니다.

Challenge Latte Art

라테아트에 도전! 나뭇잎

레시피

에스프레소 20g

폼밀크 … 150㎖

1. 에스프레소를 컵에 추출합니다.
2. 거품을 낸 폼밀크를 부어 줍니다. 처음에는 높은 위치에서 속도감 있게 붓고, 우유가 떠오르기 시작하면 밀크피처를 좌우로 미세하게 흔들어 나뭇잎 모양을 그려 줍니다.
3. 마지막에 가운데를 세로로 지나갑니다.

Miki's Voice

미세하게 빨리 흔들면 섬세한 나뭇잎이 그려지며, 크게 천천히 흔들면 둥근 나뭇잎을 그릴 수 있습니다. 나뭇잎은 라테아트 모양 중에서도 기본에 속하는 방법으로 다양한 응용이 가능합니다. 여러 가지 나뭇잎 모양에 도전해 보세요.

라테아트 나뭇잎 그리기

1. 폼밀크를 붓는다

에스프레소가 들어있는 컵을 몸쪽으로 기울여서 액면으로부터 높은 위치에서 폼밀크를 붓기 시작합니다.

2. 폼밀크는 힘차게 부어 준다

폼밀크가 에스프레소 바닥에 잠기도록 힘차게 부어 줍니다. 밀크피처의 위치를 낮추면 속도감이 붙습니다.

3. 밀크피처를 액면 가까이 가져간다

우유가 떠오르기 시작하면 밀크피처 주입구를 중앙보다 약간 안쪽의 액면으로 가까이 가져갑니다.

4. 미세하게 흔든다

우유가 표면에 떠오르면 컵을 세워 주면서 밀크피처를 미세하게 리드미컬하게 좌우로 흔들어 나뭇잎 모양을 만듭니다.

5. 흔드는 폭은 작게

나뭇잎 바깥쪽이 컵 테두리를 따라 퍼지기 시작하면 좌우로 흔드는 동작을 서서히 작게 만들다가 몸쪽으로 빼 줍니다.

6. 몸쪽에서부터 안쪽을 향해

몸쪽에서부터 안쪽으로 밀크피처를 세로로 지나간 다음 마지막 남은 우유에서 재빨리 떼면 아름다운 나뭇잎 모양이 완성됩니다.

Challenge Latte Art

라테아트 작품집

하트와 나뭇잎은 라테아트의 기본이 되는 모양입니다. 기본 모양에 살짝 응용을 더한 곰, 튤립 등의 아트를 소개합니다.

귀여운 도안이 커피 위에 떠 있어, 보기만 해도 미소 지어지는 것이 라테아트의 가장 큰 매력입니다. 하트나 나뭇잎을 그릴 수 있게 되었다면 원을 추가해서 튤립 모양을 만들거나 라테아트펜을 이용하여 곰 얼굴을 그리는 등 한 단계 높은 라테아트에도 도전해 보세요.

라테아트가 너무 어렵다면, 라테아트용 스텐실을 사용해도 됩니다. 커피가 든 컵 위에 스텐실을 얹고 위에서 파우더를 뿌리면 간단하게 라테아트를 만들 수 있습니다. 아이들도 할 수 있을 정도로 간단하므로 가족이 다 함께 라테아트를 즐길 수 있습니다.

1. Heart in heart

하트 인 하트

큰 원 앞에 작은 원을 그려서 가운데로 밀어 넣듯이 폼밀크를 부어 줍니다. 커다란 원의 가운데까지 밀어 넣은 다음 세로로 선을 그어 줍니다.

2. Tulips

튤립

중간 사이즈 정도의 원을 그리고, 조금 안쪽으로 밀어 넣듯이 폼밀크를 밀어 올립니다. 그 앞에 작은 원을 띄워 두 번째 원에서부터 안쪽의 원을 관통하듯이 선을 그어 줍니다.

3. Heart and leaf

하트와 나뭇잎

나뭇잎을 컵 가장자리에 한 개 그린 다음 그 옆에 작은 하트를 두 개 띄워 줍니다. 두 가지 도안의 밸런스에 유의하면서 그려 줍니다.

4. Bear

곰

큰 원 안에 작은 원을 밀어 넣듯이 폼밀크를 부어 윤곽을 만들어 줍니다. 스푼으로 거품을 떠서 귀를 만들고, 라테아트펜으로 크레마를 떠서 눈과 입을 만듭니다.

5. Snowman

눈사람

큰 원 안에 작은 원을 밀어 넣듯이 폼밀크를 붓고 마지막에 몸쪽으로 끌고 와 뿔을 만듭니다. 라테아트펜으로 모자, 눈, 입, 단추, 장갑 등을 그립니다.

6. Stencil

스텐실

커피가 든 컵에 핼러윈을 테마로 한 스텐실을 얹고 짙은 색 파우더를 뿌립니다. 스텐실을 제거하면 완성입니다.

Blending Coffee Beans

홈블렌딩에 도전하여 좋아하는 맛 찾아내기

원두의 개성을 파악했다면 이제는 주제를 정해서 블렌딩을 시도해 보고 나만의 고유한 맛을 발견할 차례입니다.

원두의 개성을 고스란히 맛볼 수 있는 것이 싱글오리진이라면 블렌딩 커피는 맛의 이미지를 정해서 각각 원두의 개성을 살리면서 조화로운 맛을 만들어 냅니다. 블렌딩 커피는 서로 다른 원두를 단지 혼합하는 작업이지만, 어떤 원두를 어느 정도의 비율로 어떤 목적으로 혼합하느냐에 따라 창의성이 발휘되는 작업입니다. 블렌딩은 가정에서도 간단하게 시도해볼 수 있습니다. 좋아하는 맛을 발견해보고 싶다면 꼭 도전해볼 것을 권장합니다.

하지만 아무 원두를 섞기만 하면 맛있는 블렌딩 커피가 탄생하는 것은 아닙니다. 혼합하는 커피의 맛과 특징을 고려하면서 어떤 원두들을 어느 정도의 비율로 혼합하면 어떤 맛이 탄생할지를 생각하면서 블렌딩하는 것이 좋습니다.

처음부터 여러 가지 원두를 혼합하면 혼란스러울 수 있으므로 초보자는 일단 베이스가 되는 원두를 정하고, 거기에 블렌딩할 원두를 한 가지 정해서 총 두 가지 원두를 사용하고, 처음에는 총량 기준 7:3의 비율로 블렌딩을 시작해 보세요. 총 20g이라면 14g:6g의 비율이 되겠지요? 그런 다음 6:4의 비율로 블렌딩해보고, 혹은 비율을 거꾸로 바꿔서 하는 등 조합에 변화를 주면서 맛을 체크합니다. 추출할 때는 일정한 맛을 얻을 수 있도록 프렌치프레스로 추출해서 시음하는 것이 좋습니다.

Miki's Voice

1+1은 2가 아닌 3, 4가 될 수도 있는 것이 블렌드 커피입니다. 스페셜티 커피 전문점에는 독자적인 컨셉의 블렌드 커피가 있는데 색, 음악, 정경을 테마로 하는 등 소재는 무한합니다.

홈 블렌딩의 기본

1. 베이스가 될 원두를 정한다

입문자라면 브라질, 콜롬비아, 과테말라 등 밸런스감이 좋은 중성적인 맛의 원두를 베이스로 하는 것이 좋습니다.

2. 블렌딩은 두 가지 종류로 시작한다

베이스가 될 원두에 어떤 맛을 더할지를 생각해서 두 번째 원두를 정합니다. 비율은 7:3, 6:4부터 시도해 봅니다. 익숙해지면 원두의 종류를 늘려도 됩니다.

3. 배전한 원두를 사용하며, 무게를 재서 블렌딩한다

이미 분쇄한 원두는 균일하게 잘 섞이지 않으므로 배전한 원두를 블렌딩하는 것이 좋습니다. 매번 스케일로 무게를 재면 블렌딩할 때마다 일정한 맛의 커피를 추출할 수 있습니다.

4. 프렌치프레스로 추출한다

시음할 때는 일정한 추출 결과를 얻을 수 있도록 드리퍼보다는 프렌치프레스를 사용하는 것이 좋습니다.

Introducing Blend Beans

추천 블렌딩 소개

실제로 카페 등에서 사용하는 블렌딩 커피 레시피를 소개합니다. 홈 블렌딩 실력이 향상되면 자신만의 레시피를 만들어보는 것도 좋겠지요?

Mocha

모카 블렌딩

화려한 향과 맛의 에티오피아 베이스에 풍부한 산미를 가진 코스타리카를 더하면 고급스러운 '모카 블렌딩'이 탄생.

30% 70%

코스타리카 에티오피아

Dulce

둘세 (약배전)

산미가 강한 코스타리카의 약배전 원두와 산미와 단맛의 밸런스가 좋은 볼리비아를 더해 깔끔하고 상큼한 맛의 '둘세'가 탄생.

40% 60%

볼리비아 약배전 코스타리카 약배전

Deep Roast

강배전 블렌딩

베이스는 풍부한 향과 깊은 맛의 과테말라 강배전 원두. 케냐는 화려함, 엘살바도르는 단맛을 가지고 있어 기분 좋은 비터감을 가진 강한 맛이 탄생합니다.

엘살바도르 강배전

20% 20% 60%

케냐 강배전 과테말라 강배전

Cremoso

크레모소

밸런스감이 좋은 과테말라를 중배전으로 하여 크리미하고 진한 질감이 느껴지는 블렌딩. 산미가 적고 초콜릿 혹은 캐러멜 맛을 즐길 수 있습니다.

볼리비아 강배전

10% 30% 60%

브라질 중배전 과테말라 중배전

커피숍 오리지널 블렌딩 즐기기

각각 커피숍의 시그니처 블렌딩 맛보기

시그니처 블렌딩은 각 커피 전문점에서 직접 블렌딩을 하여 손님들에게 선보이는 오리지널 블렌딩입니다. 커피숍의 이름이 붙어 있거나 계절, 행사용으로 만드는 등 다양한 종류가 있습니다.

블렌딩은 많은 사람들의 취향에 맞는 맛으로 하기 때문에 밸런스감 있게 만들어집니다. 처음 방문한 손님에게는 블렌딩을 추천해 주는 커피숍도 있습니다. 커피숍의 시그니처 블렌딩은 항상 같은 맛을 유지해야 합니다. 계절에 따라 구매하는 원두의 종류는 달라지지만 같은 맛을 낼 수 있도록 맛의 재현성을 중시해서 만들어집니다. 또한 최근에는 계절마다 출시되는 시즌 블렌딩도 다양한데요. 크리스마스나 발렌타인 때는 디저트와 어울리는 블렌딩이 나오기도 합니다.

싱글오리진도 좋지만 집이나 커피숍에서 블렌딩한 커피를 맛보는 즐거움도 느껴 보세요.

칼럼

바리스타는 커피 번역가!

스페셜티 커피의 인기와 함께 확산된 직업이 바로 '바리스타'입니다. 바리스타의 어원은 이탈리아어의 '바텐더'로 알려져 있는데, 원래는 '바에서 서비스하는 사람'이라는 뜻입니다. 이탈리아의 바에서는 술과 커피를 모두 제공하는 것이 일반적인데, 아침과 낮에는 대부분의 사람들이 에스프레소를 마시기 위해 방문합니다. 산미와 쓴맛이 가득한 에스프레소로 에너지를 충전하는 것이죠. 이러한 이탈리아의 커피 문화가 마침내 전 세계로 퍼지면서 커피의 추출과 서비스에 특화된 바리스타가 늘어났고 커피 전문가로 인식이 바뀌게 되었습니다.

대부분의 사람들은 바리스타를 커피 전문점 등에서 커피를 만들어 제공하는 사람으로 인식합니다. 커피는 마시는 사람의 입장에서는 단지 갈색의 액체에 지나지 않지만, 어떤 품종의 원두이며, 어떤 나라에서 누가 재배했는지, 배전도와 추출 방법 등 커피의 배경 및 유래를 알게 되면 맛의 차이를 느낄 수 있게 되어 개인의 커피 세계가 확장됩니다.

이런 정보를 커피를 마시는 사람에게 전달하는 일이야말로 바리스타의 중요한 역할인 것입니다. 한잔의 커피 안에 담겨 있는 풍부한 이야깃거리를 세세하게 말할 수 있는 바리스타는 커피의 맛을 번역하여 마시는 사람에게 감동을 전달하는 '번역가'라고 할 수 있습니다. 커피에 대한 지식이 풍부한 바리스타가 내 취향에 맞는 커피를 직접 추출해준다면 이보다 더 행복할 순 없겠지요?

Chapter 6

Enjoy Coffee with Foods

커피를 더 맛있게 즐기기 위한 푸드 페어링

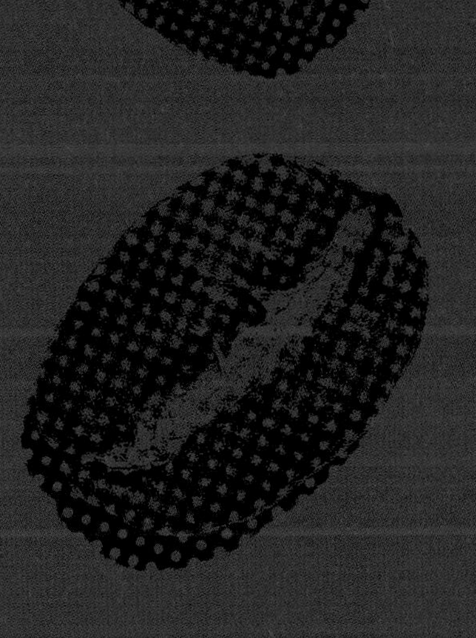

Enjoying Food Pairing

푸드 페어링으로 커피 즐기기

커피와 궁합이 좋은 음식이 있으면 커피만 마실 때는 느낄 수 없는 커피의 특징을 발견할 수 있어 더 깊은 맛을 느끼게 됩니다.

'푸드 페어링Food Pairing'은 음식의 재료들을 짝지어, 한 가지 음식만 먹었을 때와는 다른 음식 체험이 되는 식재료의 조합을 말하는 것으로, '와인과 치즈'처럼 음료수와 식재료의 맛과 향이 상승효과를 내 최적의 음식 궁합을 이루는 것을 의미합니다.

커피와 궁합이 좋은 조합을 찾아내는 방법 중에서 초보자들에게 추천하는 것이 산미가 있는 커피에 과일류의 식재료를 더하는 등 맛의 계통을 맞추는 방법입니다. 각각의 맛을 살리는 음식을 선택하면 맛이 더 좋아져 1+1이 3 이상이 되는 음식 체험이 가능해집니다.

맛의 방향이 맞지 않을 때는 커피의 개성을 잃어버리기도 합니다. 가령 산미가 있는 화려한 커피와 맛이 강한 초콜릿케이크를 함께 먹으면 초콜릿케이크의 강한 맛 때문에 커피 본연의 맛을 느끼기 어렵습니다. 이럴 때는 단맛에 눌리지 않는 진하고 바디감이 있는 커피를 함께 마시면 좋겠지요?

또한 산미가 있는 커피라도 자세히 보면 감귤류, 베리류 등 다양한 종류가 있습니다. 산미의 방향성을 맞춰 주면 최적의 매치를 발견할 수도 있습니다.

푸드 페어링 Tip

1. 커피의 맛을 확인한다

커피에는 산미가 있는 상큼한 맛, 쓴맛이 나는 깊은 맛 등이 있으므로, 우선 커피 자체의 맛을 확인해야 합니다. 맛은 생산국, 원두의 품종, 배전도 등을 보면 알 수 있습니다. 50쪽에서 소개한 플레이버 휠도 참고하면서 확인합니다.

2. 커피와 음식의 맛의 방향성을 맞춘다

커피 맛에 맞춰 같은 계통의 플레이버를 가진 쿠키나 과일, 음식 재료를 선택하면 상승효과를 즐길 수 있습니다.

3. 최적의 베스트 매치는 산미의 퀄리티를 체크!

감귤류의 상큼한 산미와 열대 과일처럼 숙성된 단맛의 산미는 서로 느낌이 다른 산미입니다. 산미의 종류에 따라 어떤 페어링을 하면 좋을지 생각합니다.

Enjoying Food Pairing

커피와 어울리는 푸드 페어링

케냐산
: '케냐산' 커피는 와인 감각으로 페어를 찾는다

주시한 맛은 궁합이 좋은 음식을 선택할 수 있는 폭이 넓습니다.

케냐는 독특한 커피를 만드는 생산국 중 하나입니다. '베리 같은' '레드와인 같은' '홍차 같은' 등으로 표현하듯이 다른 나라에는 없는 주시하고 향이 뛰어난 커피가 재배됩니다. 과실을 연상시키는 산 성질로 볼륨감도 있기 때문에 다양한 음식과의 페어링을 즐길 수 있습니다. '레드와인'이라고 표현되는 맛도 있으며 와인과 궁합이 좋은 치즈나 건과일, 굽지 않은 햄 등이 의외로 잘 어울립니다. 배전도는 '중배전'부터 '약배전'이 좋습니다.

1. Cheese Mimolette

치즈 미몰렛

오렌지색의 하드 치즈로 무난한 맛을 가지고 있습니다. 커피로 따뜻해진 입안에 치즈 향이 전체적으로 퍼지면서 뒷맛으로 커피의 산미와 겹치는 느낌을 선사합니다.

2. Dried Fruit

건과일

건포도, 무화과, 건망고, 바나나 등 과일의 자연스러운 단맛이 커피의 단맛을 보충하면서 보다 주시한 과일 느낌을 줍니다. 열대 과일의 이미지가 선명하게 느껴집니다.

3. Pate De Campafne

파테 드 캄파뉴

돼지고기나 간을 다져서 틀에 채워 구운 음식입니다. 커피와 함께 먹으면 커피로 입안을 따뜻하게 만든 다음 고기의 지방이 녹아 더욱 풍부한 질감을 느낄 수 있어 농후한 고기 맛이 한층 더 살아납니다.

4. Raw Ham

굽지 않은 햄

농후한 소금기가 특징인 굽지 않은 햄은 레드 와인과도 잘 어울리는 것으로 알려져 있는데, 풍부한 향의 케냐산 커피와도 좋은 궁합을 자랑합니다. 화려한 향과 감칠맛이 입 안에 퍼집니다.

Miki's Voice

케냐 커피가 페어링의 폭이 넓다는 것을 알 수 있습니다. 케냐 커피는 단 음식부터 짠 음식까지 다양한 음식과 잘 어울립니다. 특히 굽지 않은 햄과 같은 육류는 따뜻해진 입 안에서 유분과 함께 향이 퍼지면서 새로운 음식 경험을 할 수 있습니다.

Enjoying Food Pairing

커피와 어울리는 푸드 페어링

게이샤 품종
: 화려한 '게이샤'에는 향이 좋은 식재료를 선택

화려한 향을 가진 음식과 페어링함으로써 향이 더욱 좋아져 더없이 행복한 체험을 할 수 있습니다.

개성이 강한 게이샤의 특징은 뭐니 뭐니 해도 향수에 비유되기도 하는 플로럴하고 화려한 아로마입니다. 맛은 베르가못과 레몬티처럼 기분 좋은 산미를 가지고 있습니다. 배전도는 '약배전'에서부터 '중배전'으로, 더욱 플로럴한 아로마를 즐길 수 있습니다. 화려한 향의 식재료를 페어링하면 플레이버를 더욱 증가시켜 상승효과를 내기 때문에 멋진 음식 체험을 즐길 수 있습니다. 의외로 간장을 넣어 만든 미타라시 당고나 전병도 게이샤와 잘 어울립니다. 배전한 원두와 간장은 사실 같은 방향성의 성분을 가지고 있어서 구수한 맛으로 페어링하면 상승효과를 낼 수 있습니다.

1. Sugar Bonbon

슈거 봉봉

설탕으로 코팅된 입자 안에 시럽과 리큐어 가 들어있어 입에 머금으면 프루티한 맛과 향이 퍼지는 슈거 봉봉. 커피 향에 프루티한 향을 더해 게이샤의 맛을 더욱 높여 줍니다.

2. Dried Fruit

건과일

응축된 천연 과일의 단맛과 산미, 향을 즐길 수 있는 건과일. 게이샤의 화려한 향뿐만 아니라 열대 과일의 풍미도 느낄 수 있습니다.

3. Tea Cookies

홍차 쿠키

다르질링이나 얼그레이 등 홍차 특유의 맛과 향이 게이샤의 향과 어우러져 한층 화려한 느낌을 줍니다.

4. Mitarashi Dumpling

미타라시 당고

달콤짭짤한 소스가 특징인 미타라시 당고는 화과자 중에서도 독특한 구수함을 가지고 있어 게이샤와 잘 어울립니다.

5. Yuzu Rice Cracker

유자전병

감귤류인 유자의 상큼하고 달콤짭짤한 간장의 구수한 맛이 어우러진 과자입니다. 산미와 구수한 맛이 게이샤와 최고의 궁합을 자랑합니다.

Miki's Voice

게이샤는 섬세한 맛을 가지고 있기 때문에 페어링하는 식재료에 따라서 그 맛이 손상되기도 합니다.
싱글오리진이기 때문에 페어링하기가 더욱 어려운 커피이기도 합니다.

Enjoying Food Pairing

커피와 어울리는 푸드 페어링

중미산
: '중미산' 커피는 어떤 음식과도 좋은 궁합

디저트를 비롯해서 샌드위치처럼 짭짤한 음식까지 다양한 음식과도 잘 어울립니다.

파나마, 과테말라, 온두라스, 코스타리카 등 중미라고 해도 각 생산국, 지역마다 맛은 다채롭습니다. 공통적으로 산미의 특징이 뚜렷하고 적당한 바디감과 부드러운 질감을 가지고 있어 전체적으로 밸런스감이 좋은 커피가 많습니다.

따라서 중배전의 중미산 커피는 비교적 다양한 음식과 잘 어울리는 커피이기 때문에 감귤류의 산미부터 팥소의 단맛, 깊은 맛을 가진 치즈 등 다양한 음식과 함께 즐길 수 있는 커피입니다.

1. Ichiroku tart

이치로쿠 타르트

유자와 설탕을 넣은 팥소를 스펀지케이크로 말아서 만든 과자입니다. 상큼한 유자 향과 절묘한 조화를 이룹니다. 아무리 먹어도 질리지 않는 맛으로, 유자와 중미의 감귤류 맛이 완벽한 매치를 이룹니다.

2. Gruyere Cheese

그뤼에르 치즈

치즈퐁듀에도 사용되는 치즈입니다. 커피로 따뜻해진 입 안에 치즈 향과 커피 향이 퍼져 긴 여운을 느낄 수 있습니다. 부드러운 질감으로 중미산 커피의 부드러운 맛과 궁합이 좋습니다.

3. Cheesecake

치즈케이크

레어 치즈케이크나 프로마쥬계의 무난한 크림치즈 계열의 케이크와 궁합이 좋습니다. 치즈의 폭신한 식감과 중미산 커피의 부드러운 질감이 훌륭한 궁합을 자랑합니다.

4. Pork Terrine

돼지고기 테린

돼지고기나 베이컨, 양파, 파프리카 등으로 만드는 와일드한 맛의 테린도 중남미의 커피와 굉장히 잘 어울립니다. 기분 좋은 스파이스감과 주시함이 입에 퍼집니다.

Miki's Voice

다채로운 맛을 지닌 중미산 커피에는 질감에 특징이 있는데, 파카마라 품종 등 부드러운 질감은 치즈와 페어링을 하면 기분 좋은 크리미한 질감을 즐길 수 있습니다.

Enjoying Food Pairing

커피와 어울리는 푸드 페어링

강배전
: '강배전' 커피는 쓴맛, 깊은 맛을 가진 음식과 페어링

강배전 커피가 가진 쓴맛뿐만 아니라 다채로운 맛을 알게 되어 기분 좋은 여운을 느낄 수 있습니다.

강배전 커피에는 매력적인 쓴맛과 깊은 맛이 있습니다. 이 맛을 살리기 위해서는 중후한 느낌을 지닌 식재료를 페어링합니다. 특히 초콜릿이나 견과류를 권장합니다. 산미가 있는 커피의 경우 초콜릿이 커피 맛을 누르기 때문에 커피 맛을 느끼지 못할 수도 있습니다. 하지만 강배전한 커피를 페어링하면 초콜릿과 맛의 계통, 쓴맛의 강도가 맞아 커피의 개성을 한층 더 느낄 수 있습니다. 커피로 초콜릿이 입 안에서 따뜻하게 녹아 리치한 질감과 긴 여운을 즐길 수 있습니다.

1. Chocolate Cake

초콜릿케이크

자허토르테Sachertorte(초콜릿케이크에 살구 잼을 바르고, 초콜릿으로 케이크 전체를 코팅한 케이크)나 초콜릿케이크는 강배전한 커피와 가장 잘 어울립니다. 커피의 적당히 좋은 쓴맛이 케이크의 초콜릿 풍미를 보다 풍부하게 느끼게 해줍니다.

2. Almond Chocolate

아몬드 초콜릿

초콜릿과 아몬드의 구수함이 커피의 구수함과 겹쳐집니다. 초콜릿이 커피에 녹아 초콜릿 특유의 부드러운 식감이 커피의 질감과 하나가 되면서 풍미가 더해집니다.

3. Nuts

너트

커피의 플레이버로 너트를 느낄 때가 있는데, 페어링을 하면 더욱 강해집니다. 너트의 구수함과 유분이 커피의 여운을 길게 느낄 수 있도록 만들어 줍니다.

4. Dorayaki

도라야키

도라야키 껍질이 가지고 있는 구수함과 꿀의 단맛, 묵직한 팥소 등이 강배전 커피의 쓴맛, 농후함과 어우러져 깊은 맛과 단맛이 입 안에 퍼집니다.

Miki's Voice

강배전 커피는 쓴맛과 깊은 맛, 바디감이 있어 초콜릿을 사용한 디저트와의 궁합이 좋아 여운을 천천히 길게 즐길 수 있다는 점이 매력입니다.

Enjoying Food Pairing

커피와 어울리는 푸드 페어링

내추럴
: '내추럴 프로세스'는 달콤한 향을 가진 디저트와 어울린다!

달콤한 과실의 향과 때로는 발효가 된 듯한 향. 독특한 미각 체험을 가능하게 해줍니다.

내추럴 프로세스로 가공한 생두는 과육이 붙어있는 채로 자연 건조됩니다. 따라서 과실감이 있는 달콤한 향과 깊은 맛이 특징입니다. 딸기와 같은 향이 나거나 때로는 감주 같은 발효 향이 나기도 해 열광적인 팬이 많은 생두 가공 방식이기도 합니다.

개성적인 맛을 가지고 있으므로 이러한 특징을 살려주는 식재료와 페어링을 합니다. 가령 베리류의 신맛과 페어링하거나 발효 향과 페어링한 팥빵도 싱글오리진을 맛보는 이상의 독특한 체험을 가능하게 합니다.

1. Strawberry Shortcake

딸기쇼트케이크

딸기의 새콤달콤한 베리감, 산미와 향, 생크림의 폭신폭신한 식감이 커피와 페어링하면서 한층 더 풍미를 느낄 수 있습니다. 맛의 방향성이 맞아 뒷맛에 폭신한 딸기의 느낌이 이어지는 듯한 체험을 즐길 수 있습니다.

2. Mame Daifuku

콩찹쌀떡

콩찹쌀떡의 콩 부분에 살짝 소금기가 있는 것이 궁합을 좋게 만들어줍니다. 단맛이 강하면 커피 맛이 눌려 단조로운 맛이 되기 쉬운데, 소금이 포인트 역할을 해서 농후하면서도 내추럴한 향이 두드러집니다.

3. Baked Cheesecake

베이크드 치즈케이크

바스크 치즈케이크 등 농후한 치즈감이 있는 치즈케이크가 잘 어울립니다. 익은 과실 같은 맛이 농후한 치즈 향과 어우러져 기분 좋은 발효 향이 퍼집니다. 부피감 있는 목 넘김이 여운으로 이어집니다.

4. Anpan

팥빵

팥알갱이의 팥소와도 궁합이 좋습니다. 팥소는 단맛이 강하지만 그래도 빵이 밸런스를 맞춰주기 때문에 커피와 페어링하기가 좋습니다. 벚꽃잎을 소금에 절인 것을 올린 팥빵의 소금기도 좋은 포인트가 되므로 권장합니다.

Miki's Voice

벚꽃잎을 소금에 절인 것과도 최고로 잘 어울립니다. 봄에는 사쿠라팥빵과 사쿠라 젤라토도 맛이 더 좋아지기 때문에 입 안에 다양한 플레이버가 퍼집니다.

Enjoying Food Pairing

커피와 어울리는 푸드 페어링

인도네시아산
: 스파이시한 맛이 특징인 '인도네시아산'은 바디감과 향으로 페어링합니다.

커피와 어울릴 것 같지 않은 음식이 의외로 잘 어울리는 경우도 있습니다.

수마트라섬에서 재배되는 만델린과 수마트라의 커피콩은 강한 바디감과 비터 캐러멜, 카카오, 시가를 연상시킵니다. 긴 여운을 즐길 수 있는 커피가 많습니다. 이런 특징에서 봤을 때, 커피와 잘 페어링하지 않는 카레빵과도 최고의 궁합을 가지며, 스파이스 향을 느낄 수 있습니다. 이밖에 농후한 맛을 가진 초콜릿이나 카린토(일본 전통과자 중의 하나) 등도 쓴 맛과 중후감이 있는 맛을 가진 인도네시아산 커피와 잘 맞습니다. 입안에서의 맛의 변화를 즐길 수 있는 페어링입니다.

1. Curry bread

카레빵

특별히 스파이스 향을 살린 카레로 만든 카레빵이 잘 어울립니다. 스파이스 향이 뒷맛에 퍼지면서 계속 먹고 싶어지는 맛입니다.

2. High Cocoa Chocolate

카카오 함유율이 높은 초콜릿

약간 쓴맛을 가진 초콜릿의 맛이 비터 캐러멜과 같은 인도네시아 커피와 상승효과를 내면서 카카오의 풍부한 맛을 통한 기분 좋은 여운을 즐길 수 있습니다.

3. Karinto

카린토

독특한 깊은 맛이 나는 흑당의 단맛이 부드럽고 중후한 인도네시아의 비터한 맛과 어울려 서로 맛을 살려주는 상승효과를 발휘합니다.

4. Hot dog

핫도그

주시한 소시지와 머스터드의 스파이스 향이 감도는 핫도그. 커피와 페어링하면 고기의 유분이 입안에 퍼지면서 허브와 같은 느낌을 즐길 수 있습니다.

Miki's Voice

인도네시아산 커피의 페어링은 여운의 느낌이 특징적입니다. 천천히 시간을 들여서 즐기면 좋겠지요?

커피 용어 한눈에 살펴보기

가압식
원두 가루에 압력을 가해서 20~30초라는 짧은 시간에 커피성분을 추출한다. 대표적인 것이 에스프레소로, 농축된 맛이 특징.

→ 74쪽

게이샤
1931년 에티오피아에서 발견된 품종. 2004년에 '베스트 오브 파나'에 출품되어 사상 최고가를 기록했다.

→ 31쪽

금속 필터
금속 거름망으로 만든 드리퍼. 대형형과 원추형이 있으며, 금속 거름망 부분의 모양에는 다양한 종류가 있다.

→ 116쪽

드리퍼
페이퍼 드립을 할 때 사용한다. 원추형에는 칼리타 웨이브, 케멕스, 하리오 V60여과드리퍼, 고노, 오리가미 드리퍼 등이 있다. 대형형에는 추출구가 한 개 있는 멜리타, 추출구가 세 개 있는 칼리타 등이 있다.

→ 78쪽

그레이딩
산지의 해발 고도, 콩의 사이즈, 결점수, 컵(커피액) 등에 따라 실시하는 커피의 등급 부여. 스페셜티 커피, 프리미엄 커피, 커머셜 커피, 저등급 커피로 나뉜다.

→ 24쪽

디카페인
카페인을 제거한 커피. 카페인 제거 작업에는 스위스 워터 프로세스 추출법과 초임계 이산화탄소 추출법이 있다.

→ 70쪽

라테아트
스팀 밀크를 사용해 에스프레소에 그림을 그리는 것.

→ 160쪽

리브
드리퍼 안쪽의 홈. 드리퍼의 종류에 따라 홈의 모양이 다르며, 이 모양에 따라 커피의 맛도 달라진다. 드리퍼와 페이퍼 사이에 공기가 통하는 길을 만들어준다.

→ 78쪽

마키네타
가압식. 직접 불에 올려 추출하며 농축된 맛을 즐길 수 있다.

→ 76쪽

바리스타
손님으로부터 주문을 받아 에스프레소 등의 커피를 추출하는 직업을 가진 사람. 커피콩의 선정과 분쇄 방법, 사용하는 도구들의 조정 등을 직접 담당한다.

→ 59쪽

배전

생두를 가열을 통해 익혀서 맛과 향미를 끌어내는 것. 로스팅이라고도 함. 강배전, 중강배전, 중배전, 약배전 등이 있으며 배전이 진행될수록 색이 진해진다.

→ 26쪽

블렌딩 커피

두 종류 이상의 원두를 혼합하여 산미와 깊은 맛의 밸런스를 어레인지한 커피. 커피숍에 따라 다양한 맛을 즐길 수 있다.

→ 168쪽

사이폰

침출식. 플라스크와 로트를 연결시켜 고온에 단시간 동안 추출한다.

→ 77쪽

생두

커피 체리에서 종자를 제거하여 가공한 것. 내추럴(자연건조식)과 워시드(수세식), 펄프드 내추럴(반수세식)이 있다.

→ 16쪽

폼밀크

거품을 일으킨 우유. 라테아트를 즐길 때 사용.

→ 160쪽

스페셜티 커피

1970년대에 미국에서 시작된, 커피 등급에서 최고점을 받은 커피. 커핑스코어가 100점 만점에 80점 이상. 개성적인 풍미를 가지고 있다.

→ 24쪽

아라비카종

커피의 약 50%를 차지하는 품종. 가뭄과 병충해에 약해 재배가 어렵다. 모든 스페셜티 커피가 아라비카종으로 부르봉, 티피카, 모카, 블루마운틴 등이 있다.

→ 30쪽

액상 커피

추출한 커피를 병에 넣은 것으로 그대로 유리잔에 부어서 마신다. 우유 등으로 어레인지하기 좋은 커피.

→ 63쪽

에스프레소

가압식 추출 방법. 고기압을 가하여 단시간에 추출한다. 농도가 진해서 카페라테와 같은 어레인지를 하기 편하다.

→ 74, 76쪽

에어로프레스

침출식과 가압식의 하이브리드. 주사기처럼 압력을 가해서 추출한다.

→ 76쪽

여과식

뜨거운 물에 원두 가루를 여과시켜 커피 성분을 추출한다. 대표적인 추출 방식은 페이퍼 드립. 드리퍼의 종류에 따라 커피 맛이 달라지며 추출하는 사람의 기술이 필요한 추출 방식.

→ 74쪽

종이 필터

페이퍼드립을 할 때 사용한다. 드리퍼 모양에 맞춰서 사용한다.

→ 80쪽

침출식

뜨거운 물에 담가서 커피 성분을 추출한다. 대표적인 추출 방식은 프렌치프레스. 추출하는 사람에 따른 맛의 차이가 적다.

→ 74쪽

카네포라종

질병이나 병충해에 강해 한 그루의 나무에서 수확할 수 있는 양이 많은 품종. 인스턴트커피나 블렌딩 커피, 캔커피 등에도 사용된다. 로부스타라고도 불린다.

→ 30쪽

카페인

커피에 함유되어 있는 성분. 중추 신경을 자극하여 뇌 기능을 활성화한다. 피로감을 경감시키거나 위액 분비를 촉진시킨다.

→ 72쪽

커피나무

꼭두서니과 코페아속의 상록수. 커피 과실이 열린다.

→ 14쪽

커피 그라인더

커피콩을 분쇄하는 기구. 코니칼식, 플랫식, 프로펠러식 등이 있다. 커피밀이라고도 불린다.

→ 86쪽

커피 서버

추출한 커피를 받는 용기로, 한 번에 몇 잔씩 추출할 때 사용. 눈금이 붙어있는 유리 재질의 서버는 추출량을 파악할 수 있다.

→ 80쪽

커피 체리

커피나무에 열리는 열매. 익으면 빨갛게 되며 종자를 제거해서 생두를 얻는다.

→ 14쪽

커핑

커피의 테이스팅을 하고, 품질 체크 및 미각 심사를 실시. 컵 테스트라고도 한다.

→ 16, 48, 66쪽

컵 오브 엑셀런스 (COE)

그 해 생산된 커피콩의 국제품평회. 생산국마다 실시한다. 입상한 로트는 인터넷 경매로 판매된다.

→ 33쪽

클로로겐산

커피에 함유되어 있는 성분. 췌장의 기능을 향상시키고 몸속의 염증을 억제하여 산화를 예방한다.

→ 72쪽

트레이서빌리티

생산 정보를 추적할 수 있는 것. 스페셜티 커피는 트레이서빌리티가 필수이다.

→ 25쪽

페이퍼 드립

페이퍼 필터를 사용한 여과식 추출 방법. 관리가 수월하며 가격도 합리적이다. 다양한 모양의 드리퍼가 있으며, 모양에 따라 커피의 맛도 달라진다.

→ 74쪽

푸드 페어링

식재료와 짝을 짓는 것. 커피의 품종과 배전도 등에 따라 궁합이 좋은 식재료를 찾아 페어링을 한다.

→ 174쪽

프렌치프레스

침출식 방법. 기구 안에 원두 가루를 넣고 뜨거운 물을 부은 다음 플런저를 누르기만 하면 되는 추출 방법으로 추출하는 사람에 따른 맛의 차이가 적다.

→ 74, 76쪽

핸드드립

직접 뜨거운 물을 부어 커피를 추출하는 것. 페이퍼 드립, 융 드립, 금속 필터 등이 있다.

→ 82, 96쪽

바리스타 챔피언의 스페셜티 커피

도쿄 마루야마 커피의 베이직 클래스

초판 발행 2022년 8월 26일
펴낸곳 현익출판
발행인 현호영
지은이 마루야마 커피, 스즈키 미키
옮긴이 김민정
편　집 안성은
디자인 오미인
주　소 서울시 마포구 월드컵로 1길 14, 딜라이트스퀘어 114호
팩　스 070.8224.4322
이메일 uxreviewkorea@gmail.com

ISBN 979-11-92143-42-2

현익출판은 유엑스리뷰 출판사업부의 인문사회 분야 전문 단행본 브랜드입니다.

Supervised by Miki SUZUKI (MARUYAMA COFFEE)
Photographs by Yuuki IDE
Illustrations by Joe ICHIMURA
Interior design by Hosoyamada Design Office.